幸福的捷径

我要做个旺夫女

[日] 大川隆法 著
权夏萍 / 徐怡静 译

吉林出版集团股份有限公司

图书在版编目（ＣＩＰ）数据

　　幸福有捷径：我要做个旺夫女／（日）大川隆法著；权夏萍，徐怡静译．－－长春：吉林出版集团股份有限公司，2016.2
　　ISBN 978-7-5534-9776-1

　　Ⅰ．①幸… Ⅱ．①大… ②权… ③徐… Ⅲ．①女性－成功心理学－通俗读物 Ⅳ．① B848.4-49

　　中国版本图书馆 CIP 数据核字（2016）第 006957 号

《夫を出世させる「あげまん妻」の10法則》《女性らしさの成功社会学》by Ryuho Okawa
© 2014 Ryuho Okawa
All right reserved.No part of this book may be reproduced in any form without the written permission of the publisher.
吉林省版权局著作权合同登记号：图字 07-2015-4548

幸福有捷径——我要做个旺夫女
XINGFU YOU JIEJING —— WOYAO ZUOGE WANGFUNü

作　　者：	（日）大川隆法
翻　　译：	权夏萍　徐怡静
责任编辑：	金　昊
装帧设计：	尚态工作室
出　　版：	吉林出版集团股份有限公司
发　　行：	吉林出版集团社科图书有限公司
电　　话：	0431-86012745
印　　刷：	长春新华印刷集团有限公司
开　　本：	880mm×1230mm 1/32
字　　数：	60 千字
印　　张：	6.75
版　　次：	2016 年 2 月第 1 版
印　　次：	2016 年 2 月第 1 次印刷
书　　号：	978-7-5534-9776-1
定　　价：	38.00 元

如发现印装质量问题，影响阅读，请与印刷厂联系调换。

前　言

　　我从没想过自己会写本这样的书。这或许就是年龄赋予人经验和智慧的结果吧。

　　提到妻子的形象，我所熟知的女人里就有三位。我的母亲算一位；为我生了五个孩子，并和我一起苦尽甘来，成立公司的前妻算一位；在我不惜一切地迈向全世界，开展公益活动和教育事业时，却是另一位女人——我现任的妻子帮助了我。

　　综合孩子们的意见和其他人的反馈，我似乎更偏爱既漂亮聪明又强势的女人。

　　我的母亲为了进入日本二战前的"女子东大"——

幸福有捷径

御茶水女子大学，从小学一年级开始到初中一年级一直寄宿在她叔父家里。但由于战争的缘故，她不得不无奈地离开了德岛的老家。直到两个儿子步入社会，我的父亲也退休后她才回家。

母亲具有很强的洞察力，也很勤劳。我是在自己家中由产婆接生的，作为全职主妇的母亲直到生我前还在工作，而在生了我的第二天就又开始做家务了。

我的第一任妻子是位才女，老家在秋田县。当时，由于我周围都是上了年纪的"老干部"，所以，遇事总犹豫不决，很难按照自己的意愿做出决定。虽然妻子不断地给予我鼓励，但在创业和教育孩子的重重压力之下，我越发难以掌控自己的事业和家庭，陷入了自我矛盾的泥潭中。妻子和我一样也是东京大学毕业，但在事业蒸蒸日上前，我完全没有意识到自己压制了她的能力——虽然她为我付出了许多。

第二任妻子是我的老乡，毕业于德岛县首屈一指的重点高中，并曾担任过学生代表；后就读于早稻田大学法学部，曾在日本银行任职，通晓法律、政治、经济，拥有丰富的社会经验。她不仅是我的贤内助，同时也照顾着年龄与自己相差无几的孩子们。

总之，多亏了这些"旺夫女"们才有了现在的我，所以谈及"旺夫女"的话题时，我还是谦虚一点比较好。

大川隆法

目 录

Chapter 1
"旺夫女"法则——旺夫的方法

1　"'旺夫女'法则"正当时　　　　　　3

2　"旺夫女"的分类　　　　　　　　　　5
　　男女投缘，运势逆转　　　　　　　　5
　　"旺夫女"也存在"偏差值"　　　　　6
　　丈夫能力不足，竞争力下降　　　　　7
　　夫妻能力"匹配"的重要性　　　　　9
　　女性要审视自己的能力上限　　　　11
　　"旺夫女"和"职业女"　　　　　　12
　　"职业女"急于结婚又后悔　　　　　13

3 多种类型的现代丈夫们　　　　　　15

现代女人求合拍　　　　　　　　　　15

"圣心"毕业的女人为什么旺夫　　　17

最近"圣心"毕业的特别多　　　　　19

可以说东大法学部毕业的人的坏话吗　21

倒垃圾、做早餐的丈夫们　　　　　　22

4 成为"旺夫女"的法则　　　　　　　24

"旺夫女"法则①：让丈夫能专心事业　24

"旺夫女"法则②：成为丈夫的"红颜知己"　28

丈夫工作复杂，妻子少过问　　　　　30

"旺夫女"法则③：正确的经济观　　33

"旺夫女"法则④：培养孩子早独立　36

"旺夫女"法则⑤："旺夫女"是"潜力股"　40

Chapter 2

"旺夫女"实践篇
成为"旺夫女"的实践 Q&A

1 "妻力"也有"发展阶段"   45
  话怎么说,因人而异   46
  妻子"言语消极",丈夫吃不消   47
  妻子要"直觉敏锐"   48
  成功后"考虑工作的时间"更多   49
  睡觉想工作,梦里说外语   50
  丈夫地位高了,妻子不能说的话就多了   52
  当"公""私"碰撞时   54
  才女变事业推手   55
  间接和非正式信息的参考意义   56
  妻子的作用也有"发展阶段"   58

2　以"不动心"支持家人　　　　　　　　　　60

　　女人的能力是后天养成的　　　　　　　　61

　　大学时期我忍受母亲的责骂　　　　　　　61

　　父母不再吵架的理由　　　　　　　　　　63

　　母亲说"女人的肚子是借来的"　　　　　65

　　活到七十岁也是有成长空间的　　　　　　66

　　"聪明母亲"具备判断力、决策力、定力　67

　　女人也要有全局观　　　　　　　　　　　69

　　不受小事影响　　　　　　　　　　　　　70

3　女性忙工作时如何获得家人的支持　　　73

　　您这是"一个人的相扑"　　　　　　　　75

　　现实很可能是全家人都感到不满　　　　　76

　　没时间的原因在于不科学的工作方法　　　77

　　影响孩子的生活和学习　　　　　　　　　79

　　母亲工作,孩子更容易有"不被重视"的感觉　80

想办法借助他人的力量　　　　　　　　81

4 妻子事业有成不忘"给丈夫面子"　　84
　　妻子成功，丈夫压力大　　　　　　　　85
　　丈夫做主导，才能干劲十足　　　　　　87
　　妻子太过优秀，婚姻容易破裂　　　　　88
　　工作、家庭两不误的要点　　　　　　　89

5 你也能成为家庭的"繁荣女神"　　93
　　人的语言和态度具有感染性　　　　　　94
　　看事物的"正面"，扩大正能量　　　　95
　　向孩子传递吸引正能量的"磁力"　　　96
　　向潜意识灌输"富有""繁荣""成功"的理念　98
　　"想法"具有"磁石"般的力量　　　　99

Chapter 3
女性的成功社会学

1 探索传统日本女性成功的方式   105
   女性逐渐偏向男性化的社会并不是幸福的社会   105
   描写立志当舞伎的电影《窈窕舞伎》   109
   "女性成功学"也是日本失去的东西之一   114

2 处理男女人际关系的方法   116
   能够提升男性运气的女性是存在的   116
   如果了解知识,就有可能避免失败   118
   只有具备母性特质的女性才能成为"旺夫女"   120

3 如何降低使自己形单影只的风险   125
   保持良好人际关系的重要性   125
   避免孤独的老年生活   127

提前做准备的重要性　　　　　　　　　　130

4　做女人的智慧　　　　　　　　　　　133

母性具有抚慰人心、使人平静、原谅包容的力量　133

将忍耐力变为女性的德行　　　　　　　137

为了喜欢的男人与世人为敌，这也是母性的表现　138

男人是否愿意在女性面前示弱，这一点很重要　140

不要太过干涉丈夫的工作　　　　　　　142

女性是否会做饭对于男性来说非常重要　143

男女之间的组合有很多不同的模式　　　144

寻找能让好事发生的概率成数量级增长的人　148

5　成为"旺夫女"的条件　　　　　　　150

妻子器量的大小决定了丈夫器量的大小　150

我的母亲就是符合"旺夫女"条件的女性　152

母亲与哥哥不合　　　　　　　　　　　154

母亲的伟大之处在于默默守护孩子	156
将女性特有的东西作为武器来获得成功和幸福	157

Chapter 4
答疑

1 发挥母性的力量而从中得到的感悟	163
不计较个人得失，帮助他人成功	165
缺乏感恩之心，导致男性权威丧失	167
母亲的行为会影响到孩子什么	171
对孩子的成长来说重要的东西	175
为提升女性地位而降低男性地位并非好事	178
就算付出没有得到相应的回报也没关系	180

2 被同性和异性同时喜爱的贤内助   182

   想成为贤内助，实际却变成了丈夫的竞争对手   184

   如果打着丈夫的名号行事，可能会遭到反感   187

   贤内助到底做得如何，是由周围人来判断的   189

   不要自满，淡然地去做自己该做的事情   192

后记   197

Chapter 1

"旺夫女"法则

——旺夫的方法

1 "'旺夫女'法则"正当时

"'旺夫女'法则——旺夫的方法"这个罕见的话题是在某次大家听完我的演讲后,我进行的"下次还想听什么样的演讲"的问卷调查里抽出的一个回答,我觉得这个话题还是有必要深究一下的。

用"旺夫女"这个词可能有点俗,或者说用这个词作为我演讲的标题有些欠妥,但这确实是某部电影的名字。

"帮助丈夫出人头地"这种说法，会让女性有一种类似于"女人是男人附属品"的错觉，如果不稍加留意，这种说法很可能招致一些希望在职场上有所建树的职业女性的反感，所以，在措辞上要有所注意，否则就很容易引起误会。

有关女性的生活态度，我有不少看法，且不是一概而论，所以这次我们将以此为主题展开探讨，各位要是能接受我愚见的一二，荣幸之至。

2 "旺夫女"的分类

男女投缘，运势逆转

首先，据说"结婚对象不同，运势可能随之有很大不同"，有没有这回事呢？我客观地认为"有这可能"。

当然不能说原因都在女方，男方身上也有原因，男女关系里本就存在互相影响运势的情况。"谁和那个女的结婚，谁肯定走下坡路"，很明显这是在说某些女人是"瘟神型"，但情况也会因人而异，不能一概而论。

"旺夫女"也存在"偏差值"

接下来，要知道"旺夫女"的能力也存在不同的差异。因为她们在某些层面上能帮到丈夫，而超出其能力范围的事情她们就做不来了。

所以就有了"旺夫女偏差值"一说，只有偏差值超过50分的，才能算"准旺夫女"。

自己是55分左右就行了，还是60分才可以，或者65分、70分、75分？丈夫的工作越繁重，妻子需要顾及的范围就越大，工作难度也越大，所以往往也会出现妻子精力不够用的情况。

如果超过一定的能力范围,"旺夫女"也可能变成"克夫女"。原本具备"旺夫"能力的女人也可能拖丈夫的后腿。

丈夫能力不足,竞争力下降

同样,丈夫也是如此。

有些丈夫作为高学历、有前途的人才,婚后的事业却每况愈下,从炙手可热到坐冷板凳,一路消沉下去,甚至可能一辈子都翻不了身,这种情况是确实存在的。虽然,谁都不愿看到这种事情发生。

这很有可能是妻子的原因,也可能是早早步入社会的丈夫们，因为自身无法排解家庭的压力而在社会竞争中败下阵来。

我理想中的男人形象不是这样的，因为这些丈夫们的做法未免太不"职业"了。如果夫妻间一方对另一方的不满一旦加剧，一定要说出来，不然就会导致双方之间的误会加深。若是两人使用语言暴力，互相讥讽对方，夫妻间的关系将进一步恶化，最终两人的结合势必会形成负面效应，最终导致丈夫一事无成。

夫妻能力"匹配"的重要性

夫妻结婚前即使再登对,过起日子来也一定会有摩擦。

"旺夫女"和"克夫女"的偏差值在这里就相当明显了,原理就和学力一样,如果夫妻之间差距太大,婚后的日子就不会太平。

对有的男人来说,女人娶回家了就是老婆,势必"旺夫",当然也有"老婆太能干指使不动"的情况存在,但对有的男人来说,女人根本派不上什么大用场。而这一切就要看夫妻间的"匹配性"了。

在某种程度上,人们更倾向于选择和自己相匹配的人结婚。当然,婚后人还会成长,夫妻间也会慢慢出现差异。在这种差异出现后,有的夫妻一方如日中天、一方毫无起色,有的干脆双方都身陷"滑铁卢"。情况有很多种,就看一方在成长上能否跟上对方的步伐了。

这种情况很像社会上的"创业时一同打江山,到最后兄弟各自飞"。伴随着公司的成长和扩张,曾经机缘巧合凑到一起的元老们很少有留到最后的,更不要说当上维系公司的高层领导了。这本就绝非易事,况且半路还会杀出不少能人志士。

所以,即使是因志趣相投而结合的夫妻,也会因为一些意想不到的状况而分道扬镳。

女性要审视自己的能力上限

中国有个民间故事,讲的是一对夫妻去庙里求神。妻子祈求道:"让我家里发点小财。"丈夫问:"为什么是小财?"妻子说:"要是家里发了大财,你八成会去找个更漂亮的女人做老婆,所以太有钱也不是什么好事,钱这东西凑合着够用就可以了。"这种想法可真称得上是一种智慧。

作为妻子,要清楚地认识到自己能力的上限,才能不被丈夫抛弃。也就是说,只有了解了自己丈夫的方方面面,才能在这个家庭中有一席之地。如果丈夫能力高且收入多,而妻子却无法跟随上丈夫的脚步,那么,妻子就会有被扫地出门的风险,这是关键所在。

或者说，妻子必须要知道"当手头紧成什么样时，可能日子就没法过下去"之类的情况。

"旺夫女"和"职业女"

我公司有个秘书部门，这个部门里的员工平日里就做着一般的行政工作，其中单身女性居多。当她们结婚后，往往会辞去工作，专心在家做全职太太，而她们的另一半在事业上多会有所成就。

要说原因，可能是妻子能很好地理解丈夫的工作。为了让丈夫更专心地工作，妻子会专心地料理家务，有种"不要给另一半添麻烦"的想法；丈夫则是怀揣着"将家里的事情都交给你了"的想法，然后全心全意地投入到事业中去。

在这种环境下,丈夫就会全力投入到工作中去,在事业上取得不错的成绩。

当然也有些女人不结婚,拼事业。所以,社会上也出现了很多成功的"职业女"。

"职业女"急于结婚又后悔

事业有成的"职业女",到了一定的岁数会抱着"再不结婚就晚了"的想法,急急忙忙地嫁了人,之后又后悔不已。这样的例子屡见不鲜。

有时,我们可以听到这样的话,"年轻时候多拼拼事业,婚可以慢慢结",但往往过了这个村可就没这个店了。看着后辈们不断地涌现，这些女人也会有危机感。

当然，结婚也要看氛围。要是在一片期许中，这婚肯定结得高兴；要是周围反对的声音比较多，婚姻最后也很可能会受到这股"逆风"的影响。

3 多种类型的现代丈夫们

现代女人求合拍

"'旺夫女'法则"实施起来是有难度的。

这里,我想集中论述"旺夫"这一主题中的"什么样的女人能旺夫"。

首先,丈夫的能力分为三六九等。要将平均值以下的人拉到平均值以上来,需要相当大的努力,妻子没有点"贤内助"的功力是不行的。

妻子实际上做了很多铺垫工作，丈夫倒是像摆件一样，坐享其成。做买卖也是这样，最后的甜头落在哪里，谁也说不准。

遇到"丈夫能力一般，妻子非常优秀"的情况，女方的担子就要重得多，至于人家是否乐在其中就不得而知了。

在过去等级制度森严的社会环境里，普遍想法是"女人就应该甘做男人背后的角色"。但到了现代，很多女人开始不甘心了。

女人越来越看重与结婚对象"合不合拍"，不合拍的一定没戏。

"圣心"毕业的女人为什么旺夫

大概从明治（1868年-1912年）到大正（1912年-1926年）期间，一度有许多这样的例子：家里没什么背景的聪明男人，从乡下考进东京周边的大学，然后娶个漂亮的东京老婆，女方熟知在东京生存的技巧和法则，成为一名出色的贤妻良母，使丈夫摆脱出身的束缚，获得事业上的成功。

最近我注意到一个现象：社会上很多成功人士的夫人都出自名校——圣心女子学校。能上"圣心"的大多数是东京有钱人家的小姐，她们中大多数人的成绩并不是很出色，只是勉强能及格。但就是这样的女人，却使得丈夫取得了成功。

幸福有捷径

　　东京都知事舛添要一的第三任妻子就出自圣心女子学校。他的第一任妻子是法国人，第二任妻子以第一名的成绩毕业于东京大学，想必他们一定是志趣相投才结婚的。尽管如此，但如果爱人总是工作至深夜才归来，夫妻之间没有机会沟通，那么就很容易让夫妻双方产生摩擦。

　　如果妻子总是工作到半夜十二点、一点才回来，可日子还得照样过，那最后一定是丈夫干着主妇的工作。舛添很可能在家里就是"主夫"，可若是一个毕业于日本九州大学的大学者成天在家刷地板，那么忍无可忍选择离婚就可想而知了。

　　在第三次婚姻里，他和与他年龄相差15岁的美女结了婚。这位"圣心"毕业的美女。结婚时也有50岁了，虽然在我的印象中她看着并不老。

最近"圣心"毕业的特别多

作家曾野绫子也是"圣心"毕业的。其丈夫三浦朱门毕业于东京大学文学部，曾任职文化厅长官。但作为作家，曾野绫子出道早，名气响，地位也高，想必收入也丰厚。

丈夫看了妻子的随笔后，虽然没到扬言"要老婆早点去死"的地步，但却说过"老婆要是死了我就可以再婚了"的玩笑话。这话听着有点"玩笑"和"诅咒"并存的意味，但曾野并不会因为这些玩笑话就死了，现在依旧活跃在当下的文坛。

夫妻间，如果妻子更胜一筹，那么过日子的确是有点困难的。

还有位名人，韩国的首相朴槿惠，高中以前读的是"圣心"的国际交流学院；NHK播音员国谷裕子，高中读的也是"圣心"的国际交流学院。最近从圣心"出道"的人真是越来越多了。

大概从某种程度上来说，正是这些女人身上的淑女教养和一定的国际化的修养，才帮助她们跻身"顶尖女人"的行列。

可以说东大法学部毕业的人的坏话吗

曾野绫子上了年纪后,说话越发毒辣——虽然她年轻的时候也好不到哪里去。她曾写过"要批判的话,最先应该批判东京大学法学部毕业的人"这样的言论。

虽说不要搬弄是非,但曾野绫子都 80 岁高龄了,却还在谩骂东京大学法学部毕业的人,不过东京大学法学部却没有任何的反击。倒是有很多不相关的人士路见不平、口诛笔伐,甚至起诉。

根据曾野绫子自己的论调,"东京大学法学部毕业的人自尊心强,而且相当自信,他们根本不把你放在眼里,即使在其背后指指点点,他们也根本不当一回事"。

幸福有捷径

但人都一样，被非议了，心里肯定不舒服。可能是为了避免纷争，东大法学部的人才没有做出反击。

虽然我和曾野绫子都是"目标人物"，时不时会受到议论，但我的团队却会做出反击。我总是强调"先别急着跳出来"，东大法学部的人应该和我持相同的态度。

倒垃圾、做早餐的丈夫们

身为丈夫的三浦朱门每天早上都负责倒垃圾、做早餐，可以说是典型的"贤夫"。

据说舛添也负责倒垃圾。另外，原上智大学国际关系学教授、日内瓦裁军会议日本政府代表大使猪口邦子的丈夫猪口孝也倒垃圾，他还曾替太太买书，在神田书店街来回跑，这是他自己说的。猪口孝是东京大学的名誉教授，毕业于教养学部的国际政治系。这下我算是知道了，学者都在做家务。

我至今也没做过什么家务，可能是因为我有点大男子主义吧，可见我和那两位学者还是有些差距的。

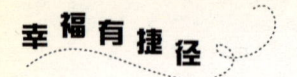

4 成为"旺夫女"的法则

"旺夫女"法则①：让丈夫能专心事业

从正统的思考方法来看，"旺夫女"法则的首要前提是为丈夫专心事业创造良好的氛围和环境，尽量不让其费心于家庭琐事。能做到这点是成为"旺夫女"的条件之一。

对于有能力的男人，妻子应包揽琐事，这样丈夫才能全心全意地工作。

在社会上也是一样。小公司老板不像员工规模过百的大公司老板会有好几个秘书，他们什么杂务都得自己亲力亲为。从接电话到各种信件的处理，什么都要做，但只要请一个小秘书，就能帮上大忙，工作进展也会加快。

我想家里还没到要请秘书的地步，但对于一般的上班族男性来说，要是老婆不添乱又能帮忙处理各种琐事，自己在工作上便能投入更多。所以，让丈夫能专心于事业，这是成为"旺夫女"的条件之一。

当然，也有男人是在妻子的鞭策下成才的。"有本事多挣点钱去"，被妻子这么一吼，他深受刺激，发愤图强,有的还横生出一种受虐的快感,妻子就这样从"恶女"摇身一变,成了"旺夫女"。

虽然也有一些特例,但基本上对于有能力的男人来说,能使其专心于事业的妻子更容易成为"旺夫女"。

"旺夫女"的法则

1

妻子处理家庭琐事
丈夫才能专心事业

"旺夫女"法则②：成为丈夫的"红颜知己"

从某些层面上来说，夫妻结合在一起无非就是遇事时能有个可以商量的人。

不是说一个人就不能拿主意，但有些时候就是更希望能有个可以商量的人。想找人商量的人，多半是正在经历着沮丧和迷惘，但有些事情也不是随便拉个人就能倾吐的。找邻居说，说不定还要被说闲话；找朋友或者同事倾诉，一不小心可能还会说错话。

商量的内容分为说了也无关紧要的和不能轻易与人谈的，这么一来外面就没什么合适的人了，最终还是说给家里的妻子听最放心。因此，能成为丈夫的"倾听者"并且能给出恰当的建议，也是成为"旺夫女"

的条件之一。

丈夫在工作上或者工作以外，遇事想找人商量的时候，妻子要善于倾听。要是丈夫是像夏洛克·福尔摩斯那样自己能找出答案的人，妻子就要像华生一样，默默地附和。对于很多事你只需要倾听，他自己就会得出结论。他们不希望只是一个人在自言自语，而是希望有人陪伴，在这种情况下，倾听的人不必急于给出答案。

如果做一个像顾问一样喋喋不休、好为人师的女人，男人也受不了。

边听边揣度，结论自然就出来了。虽然不是要搞得跟夏洛克·福尔摩斯和华生那样，但谈话间能自然

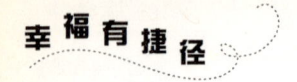

作出判断,这才是优秀的"旺夫女"。这个道理适用于大多数的谈话。

丈夫工作复杂,妻子少过问

话说丈夫在工作问题上能不能找妻子商量,这完全取决于工作的难度。若是同行还能够商量,如果工作内容完全不相关,那就很难说了。

不久前,首相夫人安倍昭惠言及的内容和首相的政策相违背,结果被周刊杂志写了进去。到底谁说的才是真相,我也很感兴趣。首相夫人说的到底是真是假,我非常想查一查,强忍了一个多月,越来越想知道,结果还是不知道。

丈夫本职工作要是有难度，妻子却频繁地抛头露面又口不择言，很容易招致麻烦，拖丈夫的后腿。在这方面女性朋友们一定要留意。

如果丈夫工作太过复杂，工作中的杂事就不是妻子能解决的了，这多半是要交给秘书和手下的人去处理的。至于工作内容，若是有点难度的事情，就要找顾问或者参谋商量，听取多方意见，妻子就不要过多地参与，这点一定要注意。

幸福有捷径

"旺夫女"的法则

2

成为丈夫的"红颜知己"

"旺夫女"法则③：正确的经济观

"旺夫女"法则的首要前提是能让丈夫专心于事业，自己尽可能地料理家庭琐事。刚才我说"在我公司秘书部曾任职的女人，在婚后辞职一心料理家务，她们的丈夫大多事业有成"，这是因为这些女人揽下了家里所有的活，不让或者少让丈夫分心。

第二点，要做到在某种程度上聆听丈夫的倾诉；在工作方面也应该尽自己的能力给予丈夫支持。而在工作难度高的情况下，妻子应该提醒丈夫去找了解状况的人商量，关于这方面"度的把控"妻子一定要做到心中有数。

第三点，也是主妇被要求具备的能力——经济观。

"经世济民学"在日本简称为经济学（Economics），

幸福有捷径

最早出自"节约"（economical）一词。面对诸如"如何支配收入，或管理积蓄""哪里该用，哪里不应该用""为将来打算还是现在花掉""有关教育资金的思考"等问题，有没有正确的经济观区别是很大的。妻子要是没有经济观念，丈夫的操心事就多了。

在欧美国家，普遍是男人掌握家庭经济的命脉；而在日本，不能说是所有家庭，至少在大多数家庭中还是由妻子管理家庭支出的，所以从某种程度上来说，妻子有没有经济头脑至关重要。

经济观包括了解最近的收入支出是否平衡，是否有自己不知道的支出，以及是否在不该花钱的地方产生额外费用等内容。

"旺夫女"的法则

3

正确的经济观

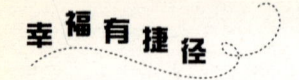

"旺夫女"法则④：培养孩子早独立

对孩子的教育也与"旺夫"相关。培养孩子要投入人力、物力和财力。教育投资相当于"烧钱"，所以怎么判断、怎么管理和分配时间就显得非常重要。

花在孩子身上的时间过多等于浪费，并且孩子的抱怨和抵触情绪也会随之加强。这也是为什么父母花了很多钱让孩子去补课、上私立学校却不见效的原因。

所以，妻子在这方面做出正确的判断尤为重要，没主意肯定是不行的。

在培养孩子的问题上，家长不能大包大揽，应尽可能地培养孩子养成自己的事情自己做、自己想办法的习惯。

父母社会地位高了，孩子也会产生依赖感，应尽量培养孩子自力更生的能力。

特别是收入高的家庭，在对孩子的培养问题上，基本是全职主妇从头管到脚。孩子优秀，做家长的也会有面子，但要是对孩子的管束过了这个"度"的话，家长和孩子的关系就会变得非常紧张，甚至还会影响到夫妻间的关系，所以要适可而止。

特别是男孩子，学会离开母亲自立是一门必修课。要是连母亲都离不开，那就更别想从父亲那里"毕业"了，所以有必要鼓励孩子"自己的事情自己完成"。

虽说独立可能让孩子在内心上觉得有点孤单，但即便学习好，上了初中、高中还依赖父母的孩子，长

幸福有捷径

大了也很难自立。所以为了孩子的将来，最好还是让他早点学会自立。

"旺夫女"的法则

4

培养孩子早独立

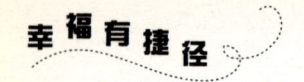

"旺夫女"法则⑤："旺夫女"是"潜力股"

总的来看，帮助丈夫成功的"旺夫女"法则里涵盖了女性的某种"潜力"，从这个层面来分析是很明智的——有潜力的女人大多属于"旺夫女"。

当然也有一些知名的、看上去潜力已经用尽的女人，这种类型的女人如电视主播和知名的女演员等，她们的家庭生活多半不顺，她们多半也不属于"旺夫女"；但也有部分女性通过自己的努力改变自己，使自己成为"旺夫女"。

以上这五点就是"旺夫"法则的入门篇。

"旺夫女"的法则

5

"旺夫女"是"潜力股"

Chapter 2

"旺夫女"实践篇

成为"旺夫女"的实践 Q&A

1 "妻力"也有"发展阶段"

Q1 提问者：三十多岁的在职主妇，育有一女，孩子读初一，一家三口。

我应该如何激励丈夫，使其事业成功？特别是在表扬和批评方面，我该如何掌握这个度？

话怎么说，因人而异

每个人对语言的感受力是不一样的，其中的复杂难以言喻。我是很少对女人发飙的男人，反倒是有时候会惹女人生气，被她们"教训"。

每当有人对我说："你怎么老批评我？"我不禁会反问："我哪里批评你了？"我觉得"气势汹汹、怒气冲冲"的态度才叫批评，以普通对话的语气说话，不可能是在教训人。但如果对方是个脆弱而敏感的人，极有可能感觉到话里有刺，觉得受批评了。所以，话怎么说，要因人而异。

妻子"言语消极",丈夫吃不消

男人累了一天回到家后,还要听妻子说些"丧气话",放到哪个男人身上都受不了。

在企业刚起步的阶段,我曾听员工说过这样的故事:丈夫晚上回家后,妻子已经积攒了一肚子的话想要和丈夫讲。于是男人又是窜浴室,又是躲厕所,就是不出来。有的妻子实在想唠叨,甚至会搬把椅子坐在厕所门口,开始滔滔不绝。

我想这大概是因为男人一离开女人的视线,女人满腔的情绪就开始囤积了。

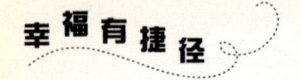

妻子要"直觉敏锐"

有的男人真的是那种除了吃饭、洗澡、睡觉之外不多说一句话的类型。有相当一部分女人并不知道自己男人在公司有没有什么不顺心或者难言之隐,也察觉不到她们的丈夫有没有碰到什么麻烦事。

所以,这么看来,拥有敏锐的直觉就尤为重要了。女人的直觉是否敏锐很关键,所以没有点"预感"是不行的。

比如,觉得"今天这个话题还是不要说为好"的时候,先按兵不动,等到丈夫闲下来或者心情不错的时候再提出。再比如,有时候要学会察言观色,一看丈夫的脸色不对,立即说,"哎呀,这个还是我自己解决吧。"有这种敏锐直觉的女性最有可能避免夫妻之间矛盾的产生。

成功后"考虑工作的时间"更多

除去表扬和批评,有时妻子压根没有机会与丈夫多说话,也不知道应该说些什么。这是因为丈夫想的东西太深奥,妻子越来越难以理解。

新婚时两人的谈话内容和自己单身生活时的水平相当,但伴随丈夫工作强度的加大,他要考虑的事情越来越多,妻子想与他对上话也就越来越难了。

男人越成功,心系工作的时间就越长。也就是说,不只是上班想工作,下班也想。生意人甚至半夜也想,

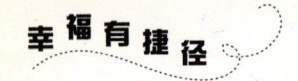

有时想到天亮。据说，松下幸之助每天只睡两三个小时，估计是夜里也在想工作。

睡觉想工作，梦里说外语

细想之下，我也是这样的人，每回半夜醒来我都要起来写写记记，可真算得上是工作不离脑啊！有时还会在梦里模拟场景，进行对话。

前些天，半梦半醒间，我竟然用英语说起了梦话。

我记得是这样：我知道妻子醒了，就用英语跟她说话，但迟迟也没等来回复，无奈之下，我又睡去了。

第二天早上我就跟妻子说："我用英语说梦话的时候，你如果也用英语回个一句半句的，这不就是睡着了也能对话了嘛。"结果当天晚上，我又在梦里说起了德语。

妻子以为是英语，就回了句"yes"；后来发觉是德语，但又不会说；最后我好像还说了句汉语"再见"才作罢，真是一场无厘头的对话啊。

像这样进入浅眠的头一个半小时到两个小时之间，我总是会做一连串和工作有关的梦。我这种情况实际上是"正在消化脑中接收到的来自外界的信息"，由于我经常会自问自答，所以才会怪话连连。

就好比像我这种半夜还在"工作"的男人，妻子应该以什么样的方式来应对，这对她来说也是件不容易的事情。

丈夫的工作越复杂，妻子对夫妻间距离的掌控和时间的把持就会越难。

丈夫地位高了，妻子不能说的话就多了

我的第一次婚姻维持了将近二十年，生了五个孩子，最后，彼此却因为和创业最初的基本理念不合，导致分手。因为太忙，我和前妻在有关离婚问题上的商议，竟然连一句话都没说过，不知不觉就走上了法律程序。我一直都在工作，家里的事情不管，没想到无意间竟得到这么个结果。

即使丈夫的工作难度加大了、责任重了，女人在"惯性法则"的影响下还是强烈希望"双方的权利能平等"。

就算妻子想"保持不变""有发言权",可一旦丈夫的地位升高,妻子就很难平等地说出自己的意见。再加上周围还会有人渐渐营造出一种不让妻子提意见的氛围,妻子想平等地表达自己的想法就更难了。

之前夫妻间原本可以发表的意见,随着丈夫的工作愈发复杂,变得让人难以开口。不过在周围人看来,有些场合妻子也的确不应该多嘴。

比如总理大臣、都知事(等同于中国的"市长")等官员,他们在相应立场上的困惑,自会有周围的专家协助解决,他们也可以找助理商量,而那些问题单靠夫妻间的商量是解决不了的。大公司的事务亦是如此。

妻子如果认为"以前不都是有商有量的"而加以干涉的话，那么处理不了的问题还是处理不了的。

当"公""私"碰撞时

事业达到一定高度的丈夫，如果不懂得公私分明就会出问题。当公司规模还小的时候，分不分公私都一样；可一旦做大了，公私就必须分开，分成"集体"和"个人"。

如果从"私"出发，有些地方就很难判断是不是"公"。比如，我打算在木县的宇都宫市建立研修部时，正好长子面临中考。如果去了宇都宫，孩子就没办法在东京考试，这就出现了"个人"问题。

但站在集体的立场上，综观全局，如果研修部不建，企业的规模会受到限制，很难再扩大。回头看过来，当年是我做出了让步。

才女变事业推手

基本上，才女都比较能言善辩，不过这可苦了男人。

但话说回来，有能力的男人，或者想更成功的男人，总少不了能力强的女人在背后支持。从某种意义上来说，女人能干又能学，或者点子多、知道的多，绝对是件好事。

当然有的人也会说，这样的女人很麻烦，但有时就是这些"才女们"的一句话、一个点子、一个建议，

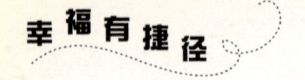

男人们前行的道路一下子就开阔了。

间接和非正式信息的参考意义

有的内容乍一看是很无聊的信息，但不知不觉中就进到脑子里了。

之前，日本某部电视剧中有个镜头拍到书架上有三本书，而恰好这三本书的作者是我，后来这张照片被疯狂转发。我洗完澡出来，妻子跑过来给我看，说这张照片火了。

女演员武井咲主演的这部电视剧我没看过，所以不太清楚事情的来龙去脉，但公司里的人却巧妙地捕捉到了这个镜头，又传了出去，之后就出来诸如"这种电视剧里竟然放着三本你们的书""不会是故意炒作吧"这样的言论。

我是从他人那里得知这个消息的，电视剧组是私人爱好也好工作需要也罢，我不得而知，不过参考意义肯定是有的。

也有可能只是作为当下畅销读物摆放在书架上，这也没什么好奇怪的，或者是道具组有意为之，又或者是工作人员里有我的忠实读者，所以才故意将书放在显眼的位置——确实会有很多种可能。

像这样非正式的、间接的信息，有时就会悄无声息地被夫妻间的一方传给另一方。

妻子的作用也有"发展阶段"

实际上,根据丈夫的立场转换,做妻子的也要随之变化。有时,妻子们要学的东西更多,在为人处世、一言一行上也要更加严谨。所以对妻子而言也会有所谓的"发展阶段",这点女性朋友们要铭记于心。

妻子如果不坚持学习,势必会拖丈夫的后腿。要知道,父母教的东西很多已经过时了。很多女性会谨遵父母的教诲,但丈夫的事业和社会地位一旦发生改变,这些经验之谈就不再适用了。这时候要是不学着慢慢改变,与丈夫一同发展,就很难跟上丈夫的脚步。

"旺夫女"的法则

6

丈夫发展
妻子成长

幸福有捷径

2 以"不动心"支持家人

Q2 提问者：三十多岁的在职主妇。育有一男一女，一家四口。

我想问的是如何提高"'旺夫女'的能力"，帮助丈夫和孩子成功？女人公认的优势包括"生育能力""献身精神"和"母性"等，这些是先天的能力呢，还是要靠在每天的生活习惯中多加留意，通过后天的努力而得以提高的呢？

女人的能力是后天养成的

我认为大多数女人的能力都是后天养成的,只要有意识去做,或者肯下功夫,就一定会发生改变。

我是看着父母一路走过来的。我很清楚地记得,我母亲的变化就很大。生活中,过了某个弯、跨过某个坎,就有所变化。

大学时期我忍受母亲的责骂

我是那种不太和母亲吵架的孩子。当然小学时也没少挨骂,但长大后,记得的只有两次。

一次是我在东京大学念书的时候,放假回来后说话的语气有些嚣张,母亲就说:"考上东大也不要目

幸福有捷径

中无人。"记忆中被这么当头棒喝过一次，我忍了。

"上不上东大都是我儿子"、"考上就聪明绝顶了吗"，这样的话一出口，我只能"嗯嗯"地应声，之后说话就变得谨慎多了。

我哥考上了京都大学，入学后，突然像晋升为"贵族阶级"一样，净说些张狂的话，还常常和家里人发生口角。这时母亲就对我哥说"和贵族的教养完全不在一个档次上"这种轻蔑的话，可我哥听了却完全不知收敛。

而我呢，被说过一次"不要以为考上东大就聪明绝顶了"以后，再也没有出言不逊过。这就是所谓的"母亲觉得我一直都一样"，或者说"完全没变化"。

还有一次是在我父亲的葬礼上,我没有落泪,结果被母亲责骂。母亲说:"也不是要你硬挤出点眼泪,但是在这种场合下,你至少应该表现得沉痛点。"

但是在我看来,人死了就是死了,没什么特别的,不需要像别人那样在医院之类的地方哭得死去活来,做法事的时候也不需要痛哭流涕。

父母不再吵架的理由

我小时候,父母常常当着我们的面吵架。父亲年轻时在事业上跌了跤,同时又得了病,还在做了风险极大的手术后欠下了一屁股债。所以我常常看到他们吵,母亲还经常说些贬低父亲的话。

幸福有捷径

都说夫妻床头吵架床尾和。可在我看来，夫妻吵架，一开口多半是伤人之语，想让人彻底忘却这种伤害很难。

父亲是个忍耐力很强的人，心理素质好，母亲再怎么讽刺挖苦他也泰然自若。我猜可能是这夫妻二人对于激烈的言辞有很强的忍耐力吧。

但之后风水就开始轮流转了。生活平静了，父亲的工作也稳定了，薪水上涨了，父亲有点抬起头来做人的感觉了，母亲的言语也温和了不少。这种情况也和孩子们长大了有关系，记忆中，我长大后母亲就很少数落父亲了。可能是因为她将生活重心都转移到孩子们身上去了吧。

我想是望子成龙的心理，使母亲不想让孩子们听见那些不尊敬父亲的话，因为这些话对孩子的负面影响非常大。

母亲说"女人的肚子是借来的"

客观上来说，我像母亲多一点，而我哥哥更像我的父亲。长大后，母亲发现我"是块读书的料"后，就常常对我说："你真像你爸。"由于我觉得自己和父亲实在不太像，所以心里也别扭。但当母亲一脸高兴地说"生了个和他爸一个模子刻出来的孩子"时，我虽不舒服却也只能接受。

母亲还说过"我没读过什么书，高深的东西不懂，你爸书读得多,所以你像他""女人的肚子是'借来的',只管生孩子,别的事情也出不上什么力了""男孩子就该像爸爸多一点"等诸如此类的话,让我觉得母亲真是变了。

活到七十岁也是有成长空间的

父亲死后,母亲失落了好一阵子,之后她就成了我们家最有智慧的人。可以说,周围人对母亲的成长是有目共睹的。

父亲走的时候八十多岁,母亲那时也七十多岁了。在沮丧了一段时间之后,可能因为总是有人找她帮忙,所以她渐渐生出一种当"老师"的感觉。

在母亲七十岁以后，我还能在她身上看到这样的成长，这令我感叹，人生竟然还有这样不断成长的情况出现。

当我发现整个企业都需要一种精神上的支持时，就立志要不断地赋予我自身成长的能力。

所以，女人如果觉得自己处于转折点，应该要有所改变，只要毫不犹豫地向着新方向努力改变，就一定会发生变化。

"聪明母亲"具备判断力、决策力、定力

作为家庭中重要的存在，说到底母亲就是家人停靠的"港湾"。

幸福有捷径

父亲总是不在家,就算在也是忙别的。有些事情没到非找父亲商量的地步的话,孩子也可以找母亲想办法,做出判断。

从某种意义上来说,女性朋友们有必要努力成为一个"聪明的母亲"。虽然面对的对象不同,但却和男人的工作一样,离不开个人的判断力和决策力。

因此,女人的定力就起到了很大的作用。如果妻子是个很容易哭哭啼啼、吵吵闹闹,又摇摆不定的人,那这个家就不得安宁了。无论是孩子还是丈夫,都难以得到平静。女人必须要有坚定不移的一面,所以"妻子的定力"是相当重要的。

即便是在战前的日本,拥有这"三力"的女人也是很多的,女人的这种"干脆"是非常重要的。

女人也要有全局观

我从小受母亲熏陶,母亲常对父亲及我们兄弟说:"男人不要为了一点小事想不开,又不是要死要活的问题。"

确实,有些人活得好好的,还嚷嚷这不顺心那不如意的,母亲一听到这种话就会制止。

所以说,即便是女人,也应该有这种全局观,"退一步看"而后加以判断,要站在全局的立场上思考问题,这点非常重要。

妻子如果为了点小事就小题大做,在家里折腾不休，就会导致更大的混乱，最后也会成为丈夫事业的绊脚石。所以，妻子要训练出在这方面"去粗取精"的本领，这点尤为关键。

不受小事影响

女人天生心细，所以往往会因为追求细枝末节而忘记了大的方向。如果在判断一个危机问题的时候，想想这个问题从大方向上来看是否还有其他突破口，那么再严峻的问题也就不是问题了。

如像核事故引起的骚动，用我母亲的话来说，恐怕就成了"核事故会死人，别的事故也会死人，碰巧因为受到核泄漏死去的人，和碰上车祸、空难、天灾死去的人是一样的,因为人的力量有限,无论遇上什么大事故都是要死的",我的母亲就是会说出这种话的人。相比念念叨叨的男人,母亲算得上是干脆利落,比某些男人更"男人"的人。

关于女人的发展阶段,不明白"妻子要随着丈夫事业的成功逐渐提升自我"的道理是不行的,要试着把过于关注细枝末节的精力转移到主干上,只要稳抓主干问题,并时常从大局角度考虑一下,即使一时半会儿没有成效,早晚也能收获成果。

幸福有捷径

"旺夫女"的法则

7

以判断力、决策力、定力
支持家人

3 女性忙工作时如何获得家人的支持

> Q3 提问者：四十多岁的职业女性。育有三子，与婆婆同住。
>
> 我一人分饰"妻子""母亲""设计师"三个角色，所以特别忙。每天早上六点起来做早饭和便当，休息日还要考虑一周的食谱。为了节约时间，我一心多用。可即便是这样也挤不出更多的时间。因为过于投入工

幸福有捷径

作，我有时甚至忘了自己正扮演一个母亲的角色，因此会与孩子产生一些问题。我也想悠闲地陪陪孩子，可是等我有时间了，孩子们都已经睡着了。所以，我想问的是，该怎么做才能更好地挤出时间来做一个合格的母亲？

您这是"一个人的相扑"

您的问题给我的第一感觉是,这是烦恼吗?还是说您希望听别人表扬你?

在提问中没见您提到您的丈夫。比如您丈夫从事什么工作,经济能力如何,他对您、孩子还有他的母亲分别如何,这些您完全没提到。因此,给我的印象是您的家庭更接近于一个母子模式的家庭。

您努力工作,自己也觉得应该受到嘉奖。在旁人看来您是位非常能干的女性,但在我看来,您这是"一个人的相扑"。

换句话说,有些事情您做过头了。您想成为不受人非议、谴责的女人,这种想法在您的讲述中被不断

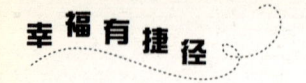

地传达出来，但物极必反，您身心受累。我都能感到您有些力不从心了。

现实很可能是全家人都感到不满

您在"妻子""母亲""设计师"三个角色间不停转换，付出的比常人多得多，但却得不到周围人的赞扬。

恐怕您丈夫对您没说过什么赞美的话吧？而且现状是，您的婆婆应该也受累忙于照顾孩子，所以并不理解您。

加之您工作忙没时间陪伴三个孩子，他们肯定有所不满，可能还会埋怨"工作那么忙为什么还生三个"。

即便您非常努力地工作、打拼，但当一切成了"一个人的战斗"后，您势必会对丈夫、婆婆和孩子也感到不满。

没时间的原因在于不科学的工作方法

您说"我早上六点就开始做早饭和便当"，这样的人不是没有。为了提高时间利用效率而努力早起，甚至连休息日去买东西时，就开始考虑一周的食谱了。一般的女人都有自己的一套办事方法，花尽心思利用时间。

我想您存在的问题便是如此。比如，做这个做那个，您总是有种被时间追着跑的感觉，我想这有一部分原因和你的设计工作有关。

设计这份工作，对于您、孩子们还有您的婆婆来说又有多重要呢？

您从事的那份工作，在外人看来，可能都会觉得您丈夫不是体弱多病，就是正在待业，或者收入极其不稳定。要是那样的话，我就不得不说您真是相当不容易了。

但如果您丈夫事业稳定，财力雄厚，在这样的情况下，您如果还是非要从事这种时间长、压力大的工作，可能就会有人觉得是您太任性了。

影响孩子的生活和学习

孩子小的时候您还能让婆婆帮忙照顾，可孩子上学读书以后，婆婆可能就会抗议："往后我是管不动了，得靠你们自己了。"这么一来，做父母的就必须想办法去解决孩子的问题，也必须去承担这份责任。

对于孩子来说，自己在同学眼中的形象也是很重要的。比如现在比较流行的亲子活动课，家长需要陪同孩子一起上课，家长之间也要来往等。母亲的缺席对孩子会有很大的影响，如果您只是在工作上全心全意地付出，而在应该出现的场合缺席，就会让孩子产生"我的母亲根本不关心我，和别人的母亲差距太大了"的想法。

母亲工作，孩子更容易有"不被重视"的感觉

正常来说，很少有孩子会以自己的母亲是职业女性为荣的。有的女孩子会在自己长大就业时，以母亲为范本。但对孩子来说，"比起自己，母亲似乎更在乎工作"这种强烈的不被重视感一定会存在。

当然也有这种情况：如果母亲不工作，孩子就上不起学，一家人的日子也过不下去。往往在这种时候，孩子会忍耐着"家长的缺席"并且自己去处理这种"缺席"带来的一系列问题。

实际上，真正的职业女性，她们的孩子都比较可怜。由于未得到母亲充分地重视，所以作为孩子的他们就会感到自己缺乏应有的关爱。

想办法借助他人的力量

您的困惑是"顽强拼搏却得不到来自丈夫、婆婆和孩子的理解",也就是没听到赞美之词吧,这也是没办法的事情。别人不理解,那就学着去客观地认识自己,是否比别人付出的多,如果是,那就只有自我表扬了。

我想您是非常能干且肯于吃苦的人,但不能否认的是,您一定总会有种"白忙活"的感觉。要明白,您不是一个人在战斗,所以您更应该想办法去借助他人的力量。

可能您的丈夫有某种潜在的才能,或者孩子在自理能力、学习能力方面有进一步上升的空间。巧妙地激发他们的潜能，培养其独立性，许多问题就能迎刃而解。而对您的婆婆，您可以让她做一些力所能及的事情。

您说自己"被时间追着跑，挤不出时间"，不妨考虑下，能否根据工作和生活的节奏，借助他人的力量去取得更好的效果。要明白世界不是只有您一个人，您要学着综合地考虑问题。

不管怎么说，"接下来要怎么走"这种问题，我建议您多和您的丈夫沟通，参考他的意见，结合他的工作情况而定。

身为设计师，又要工作又要经营家庭，长此以往就会产生一种"母子式家庭"的氛围，因而您非常有必要做出调整。

"旺夫女"的法则

8

职业女性要使用智慧获得家人协助

4 妻子事业有成不忘"给丈夫面子"

> Q4 提问者：四十多岁事业有成的女性，育有二子，一家四口。
>
> 我是一位成功的主持人，因为工作需要我就近为自己买了一套公寓，虽然我事业有成，但却一直苦于家庭暴力。为了躲开家暴，我有过外遇，也有过离婚的念头。但当初不顾父母的反对结了婚，若真的离婚，我还是踏不出这一步。事业上我是成功的，但在婚姻上我还是希望能和我丈夫重来一次。望您指点。

妻子成功，丈夫压力大

您的烦恼可以说是职场成功的优秀女性所特有的。

大多数女性都会因为"事业没起色""财力不够"而苦恼。但好在您并没有这方面的烦恼，可以说这是一件幸福的事情。

像您这样事业有成却遭受家庭暴力的女性，肯定会问"为什么不幸的是我"，不过，若是从男人的立场来看这个问题，答案就显而易见了。

您丈夫是个非常有男子气概的人，也就是说很"大男子主义"。

您这样有才干又事业有成的女人，要找不动粗又老实的男人，多半就得找像法国电影《理发师的情人》

中的那种经济上靠女人接济的男人。

您丈夫如果也是那一型的,您即便事业成功也不会遭受暴力。

但作为男人,都想让老婆、孩子吃好穿好,这是一般男人再正常不过的心理。对于男性荷尔蒙旺盛的人来说,妻子要是在事业上过于成功,他们就会有压力,进而感到痛苦。日积月累之下,他们也更容易有低人一等的感觉。

丈夫做主导，才能干劲十足

可能是您的丈夫内心有种"作为男人，就得管老婆"的想法，才会导致他走上家暴的道路。

夫妻之间的确存在谁主导的问题。通常情况下，一般家庭会采取"男主外，女主内"的模式，即所谓的夫唱妇随，这种模式的稳定性也比较高。此外，以往的经验也证明了一点：由男人占主导地位更能激发男人的本能，使他充满干劲。

如果男人在事业上不成功或者收入相对较少，但夫妻两人在经济上还算可以的话，看上去似乎没什么不好，但对男人来说，这种状况却妨碍了他个人的发展。

妻子太过优秀,婚姻容易破裂

上文提到的这种困惑,在"比丈夫学历高的妻子"身上也存在,而且她们的丈夫也容易产生家暴倾向。

比如,在年轻的时候因为相爱而结合,但丈夫不如妻子学历高,丈夫就总会有种被"压迫"的感觉,渐渐地,在这样的情况下,他们就会变得和您丈夫一样了。或者是在"妻子的家境更好,而丈夫出身平民"的家庭中,丈夫也会有受压迫的感觉。又或者丈夫是倒插门女婿,同样的情况也会出现。还有诸如"公司社长的女儿为了继承家业和员工结婚""男方入赘是为了继承女方的家业"这些原因,也很容易使丈夫产生家暴倾向。还有像您一样的,事业上小有成就,经济上又独立的女人。

女人一旦比男人有钱,生活中的平衡就会被打破,夫妻间的婚姻也难以美满,因而离婚的例子比比皆是。

因为这也是一般性的社会常识。

工作、家庭两不误的要点

像您这种状况,再持续下去离婚的可能性极高。就您本人的情况来看,这样下去离婚只是早晚的问题。您和您的丈夫勉强维持的最主要原因,可能是您非常爱您的孩子。这种想法也是正常的。

那么,如果您不想离婚,还想避免遭受家暴的伤害,并与孩子一起生活,您就必须要在事业上有所收敛。

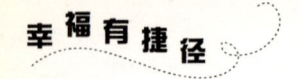

当然，并不是要您完全辞职不干，而是适当地将工作控制在一定范围内。要想不被您的丈夫家暴，就不要在事业上过于追求成功，至少要等到孩子都独立了再去追求。而且对于丈夫，您必须要尊重他、称赞他，不要在丈夫面前夸耀自己事业和经济上的成功。

这就是取舍。您若是选择继续在事业上成功下去，那就非离婚不可了。

您苦于家暴的理由，很可能是您丈夫身为男人的自尊心在作祟。如果您丈夫是个没什么骨气的男人，也就不会这样了。之所以会产生这种问题，完全是因为您丈夫想比您站得更高。如果您能认识到这一点，也就会在自己的职业道路上有所退让。

如果您把做主持看作是一辈子的事业，无论如何都想更成功，那么离婚就是早晚的事了。这点希望您考虑清楚。

幸福有捷径

"旺夫女"的法则

9

尊敬丈夫
赞扬丈夫

5 你也能成为家庭的"繁荣女神"

> Q5 提问者：全职主妇。育有四子，一家六口。
>
> 我是有四个孩子的主妇。我想知道像我这样的普通主妇如何才能使丈夫成功，家境变好，成为家庭的"繁荣女神"？

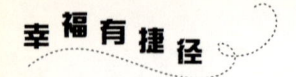

人的语言和态度具有感染性

人的语言和态度是有相互感染性的。也就是说，您给别人的爱，以及您展现出来的对家庭、丈夫、孩子的爱，必然也会影响到家庭中的每一个人。

因此，如果您想让自己达到这样一种境界，那就必须先在别人心中留下认同繁荣的理念，并往这个方向努力发展，这在很大程度上取决于您的行为和语言。如此一来，受到您言行感染的人就会和您采取相同的行动。

看事物的"正面",扩大正能量

有的人喜欢用否定、消极的语言谈论事情,或者消极地思考问题,如果是这样的话,您可以对他说:"停!如果再说这种话,你会遭遇不幸。改变下想法吧!一旦出现消极的想法,就考虑将其转化为正能量。"

对方可能会说自己多么不行或者境况多么恶劣,这时您可以说:"你一路走来也收获良多,我们一起想想好的地方吧。"这些都是可以用来劝慰别人的话。

又或者,如果对方苦于丈夫和孩子的问题,您可以说,"我们一起想想您丈夫好的地方""您觉得您的孩子有哪些优秀的地方"等,这些引导她思考的话,会抵消负面情绪,扩大正能量。

像这样，如果一个人发散出强大的"磁场"，其周围就会形成许多相对的"磁场"，而且这种"磁场"只增不减。

这就像，将一个铁片变成磁石，周围的铁也都会带有磁性，渐渐地变成为新的磁石。这样，磁石就会不断增加，磁力也越来越大，这着实令人惊叹。

向孩子传递吸引正能量的"磁力"

您育有四个孩子，不是已经相当"繁荣"了吗？

这种情况，不知道该理解为是"繁荣"还是"繁殖"，这多少有点微妙的感觉，但要真用"繁殖"一词还是有点失礼的。我也有五个孩子，然而我觉得这还不够，所以还养了好几只兔子。

总而言之,您首先要让您的四个孩子变得带有"正面的磁力",而您,则要给予孩子们吸引正能量的力量。每天晚上临睡前,您可以向他们灌输点"我们肯定会富有、成功和幸福"的思想。

还有一点很重要,如果孩子们常常有消极的言辞或想法,就要引导他们积极地考虑问题。

比如,孩子回家后说"今天被老师批评了",您可以说"那是因为老师对你有所期待"。

或者孩子说"XX同学很聪明,成绩很好,总考100分,但我老是考不好,所以很沮丧",这时您可以告诉他"XX同学是个出色的人,你要尽力追上他啊"。

这么一来，孩子们就会变成一颗颗带有正能量的磁石，他们周围的人也会跟随他们产生变化。

向潜意识灌输"富有""繁荣""成功"的理念

潜意识的影响力很大，临睡前养成向自己内心灌输"富有""成功"和"繁荣"的思想是很有必要的。

若您的"磁力"能带来巨大的影响力，那"一个平凡的主妇"这种词就不适用您了。因为您将成为影响力非常强大且深远的"超级主妇"。相信您可以做到。

"想法"具有"磁石"般的力量

其实很简单,想法本身就带有磁石般的力量。而且磁石有S极和N极,同样,想法也分为正面和负面两种。

也就是说,想法消极,负面的东西就多。相反,想法积极,正面的东西就多,正能量就会传递出去,世界也会变得美丽起来。

这种将事物引向积极的方向,并感化周围人的效应,就称之为"正面效应"。多接触有"正面效应"的人是很重要的,特别是在经济不景气的时代,尤为关键。

以上的要求谁都能做到,所以说,谁都可以成为"繁荣女神"。

幸福有捷径

"旺夫女"的法则

10

散发"正能量"
成为"磁石"

"旺夫女"的十法则

1. 妻子处理家庭琐事丈夫才能专心事业
2. 成为丈夫的"红颜知己"
3. 正确的经济观
4. 培养孩子早独立
5. "旺夫女"是"潜力股"
6. 丈夫发展妻子成长
7. 以判断力、决策力、定力支持家人
8. 职业女性要使用智慧获得家人协助
9. 尊敬丈夫赞扬丈夫
10. 散发"正能量"成为"磁石"

Chapter 3

女性的成功社会学

1 探索传统日本女性成功的方式

女性逐渐偏向男性化的社会并不是幸福的社会

谈到"能够发挥女性特质的成功社会学",世界上迄今为止没有这样一门学科,但我们可以尝试着来想一想,是否有可能将女性特有的东西当作"武器"呢?对于这一试想,我觉得我们有必要思考一下。

如今,许多政界人士在竞选演讲中都提到了"要营造出一个更有利于女性发挥其特长的社会"的话题。

但是，现实中还存在这样一种想法，那就是运用提高政界中的女性比例，或者公司职员中的女性比例等手段，尽量使男女比例持平，以体现女性的成功。我觉得这种想法也许有点太过简单。

一般人们提到的"女性成功法"，总体来讲就是指"在所谓的男性社会中，男性可以做到的事情女性也可以做到，并且取而代之"。于是，可能会有不少人理解为"女性取代了男性的地位，她们取得了成功，展示出了自己的社会价值"。当然了，我认为这只是其中的一个方面而已。

比如说，因为努力学习，所以通过了竞争激烈的医学部入学考试，继而成为医生的女性，具有很高的社会地位；又或者，在进入法学部后成为法官或者检察官的女性也有很多。在男性看来，虽然这些女性的存在已经让他们感到恐惧和战栗，但是这些男性对她们依旧尊敬。

在这种意义下，这些进入社会的女性应该也可以称为成功者吧。

这些智商很高的女性因为男女之间的差别，而处在这样一种社会中：这个社会原本没打算给她们尝试的机会，或者没打算给她们一个可以大显身手的地方。所以我觉得，这并不是一个很理想的社会。

不过，既然上天赐予我们男和女这两种性别，那么，

幸福有捷径

如果完全不在乎性别间的差异，让男女之间变得简单化，使男性和女性不分角色，完完全全做同样的事情，这也不一定会是幸福的社会吧。我们应该充分地利用男女性别中存在的差异来优化这个世界的构造，这样一来人们才会变得幸福，生活也会变得富足，并且社会能够顺利地发展下去，我认为创造这样的社会是很必要的。

身处于男性化的社会中，如果是一大群刚刚进入社会的年轻女性们在听过这样的论调之后，也许就会觉得，就算选择了与过去的女性不一样的人生道路也很好。

描写立志当舞伎的电影《窈窕舞伎》

如果问到我为什么要这样思考,可以告诉大家,那是因为我曾看过《窈窕舞伎》这部电影。

据说现在出身于京都的舞伎特别少,而来自其他地方最终成为舞伎的人却很多。因为生活在京都的人都知道,成为舞伎的过程很艰难,所以,不要说成为舞伎了,所有京都人似乎都不怎么憧憬舞伎这个职业。而其他地方的人因为很憧憬,所以最终能够成为舞伎。

所谓的舞伎,就是在宴席上以唱歌、跳舞等方式助兴的女性。她们通过学习,在二十岁左右便可成为艺伎。虽然我了解得并不太确切,不过大概可以知道,舞伎从十五岁开始到二十岁刚出头的这一段时间内,还不能独立表演。而艺伎则是在学习了艺能之后，完全能够自己进行表演。但是，似乎刚刚出师的舞伎更受欢迎，简单来说就是还处在见习中、羽翼尚未丰满的这种状态更受欢迎。

现在舞伎的数量已经变得非常少了，如果一个京都出身的舞伎都没有了，就太说不过去了。这不仅仅关系到京都的文化，更关系到了日本文化根基的问题。舞伎作为支撑日本文化的一部分而存在着，但事实上，这种文化正在消亡。

于是，在这种情况下，那些来自于乡下的少女梦想着成为舞伎，便进入了这个行业，她们会接受舞台表演的相关培训。电影讲的就是这样的少女，最终成为舞伎的故事。

看了电影之后,我觉得这不仅是电影《My Fair Lady》的日本版,也是《My Fair Lady》的舞伎版。

电影《My Fair Lady》源自于德国的舞台剧。出身贫民窟的主人公由女演员奥黛丽·赫本扮演。

我大概记得是这样一个故事:为了教会她们掌握上层阶级的社交英语,语言学教授一直跟在这些只会说方言和粗话的女性身后。最后,她们会转变为不折不扣、讲话很漂亮的上流阶层女性,以冉冉升起的新星身份,在社交界初露锋芒,捕获男性的心。《窈窕舞伎》的立意和这部电影是很相像的。

也就是说,懂得礼仪、行为举止优雅,当然也包括会跳舞唱歌、掌握得体的讲话方式等,这些都是成为舞伎的条件。为了达到这些要求,电影《窈窕舞伎》演绎了在语言学教授的帮助下,这些女孩子们进行有关项目的学习与训练并取得成功的故事。

主人公少女的父母很早就过世了,她是由祖父祖母一手带大的。在十五六岁时,她从小城镇出来打拼。因为祖父出生于津轻,祖母出生于鹿儿岛,所以主人公此前时而居住在津轻,时而生活于鹿儿岛。因此语言学教授见到她后说:"你可真是既能说鹿儿岛方言又会讲津轻方言的双语人才啊!"

主人公不仅能讲鹿儿岛方言,而且也会讲津轻方言,这种双语人才的确是罕见的。因此,深入两地调查之后，语言学教授决定将这名会双语的天才少女培养成能讲一口漂亮京都方言的女性，并且尝试着将她培养成为一名舞伎。这不仅是一部"灰姑娘式"的奋斗史，也是一个文化重塑认同的故事。

我小学时的一个女同学也是这样，她暑假时在京都待了一个月左右，就学会了京都方言。其实任何人在那种语言环境下，都能够掌握一些京都方言的要领。

要想成为为数不多的舞伎，如果不会讲京都话，那这份工作是做不久的。比如在喝酒时，若不经意间说了方言，露了马脚，就会很尴尬。来欣赏舞伎表演的外国人，甚至一些有身份的人也都是抱着了解京都文化的想法，一旦舞伎表现得不好，那么客人肯定会败兴而归。

在电影《窈窕舞伎》中，经过训练后，她们成为了很文明、很优雅的合格的舞伎。

"女性成功学"也是日本失去的东西之一

这部电影让人了解到舞伎的歌曲、舞蹈，以及修养训练的过程都非常严格。不过，我觉得这或许就是日本正在失去的一部分东西吧。

过去的日本女性都非常有教养，专业的舞伎和艺伎更是如此。即使不是这两种人，以前的日本女性也会因母亲、老师或者其他人的严格要求，成为一个有教养的人。

在日本，所谓的"教育女性的方法"也是存在过的，但这一种针对女性的特有的教育方法在二战之后已不复存在了。

如果在"教育女性的方法"已经不存在的当代，却依旧存在着某些女性特有的"成功学"，那么，这种成功学也并非是坏的。

今天我所说的，绝不是否定让那些高智商的女性去从事一些男性做的高收入的工作；更何况也并不是所有的女性都具有很高的智商，可以胜任此类工作。所以，对于占大多数的普通女性如何在社会上顺利工作、最终成功，我们应该尝试着去探索另一些方式。

2 处理男女人际关系的方法

能够提升男性运气的女性是存在的

所谓"能够提升男性运气的女性",其实就是指"旺夫女"。

一位姓樱井的女性杂志主编曾经在日本出版过两本关于"旺夫女"的作品。

她认为,在处理男女之间的人际关系方面,肯定有些人是成功的、有些人是失败的。对此我也认同。

但是，我总觉得人类并不是苹果或者梨子，不能用"一加一等于二，一加一再加一等于三"这种简单的加法运算来体现。

更简单地说，结婚也好，不结婚也罢，但无论怎么说，这种"能够提升男性运气"的"旺夫女"是的的确确存在的。

所以，这位杂志主编就是从"确实存在能够提升男性运气的女性"这个角度出发来进行研究的。反过来说，当然也很有可能存在"能够提升女性运气的男性"。

如果了解知识，就有可能避免失败

由于那两本与"旺夫女"内容有关的书撰写于1998年，所以现在看来，书的内容已经有点过时了。但是作为当时的话题，书中这样写道："在美国，第一次婚姻的离婚率为48%，再次结婚后的离婚率却低于20%。"这本书还说："第一次婚姻和第二次婚姻的离婚率之间存在着差别。这一现象可以说明，人们从第一次婚姻的失败中学到了一些经验法则，也在某种程度上积累了人生经验，这不正意味着人的成长吗？"

我认为，人一旦积累了经验，便是成长了。

"像这样子不断积累经验，不就是成长了吗？"

当然，如果事前就充分了解了有关方面的知识，避免失败也并非是不可能的事。对于这种观点我也很赞同。

那本书中还写了一个有点奇怪的观点，就是"如果是离过一次婚的女性，那她成为'旺夫女'的可能性会变高"。离过一次婚的女人，也就意味着是在婚姻中失败过一次的女性，这种说法可能有点让人反感，但这却是事实。

我们来思考一下第二次婚姻离婚率为什么会降低，大概是因为离过婚的女性对于"在哪个地方失败了或者在哪个地方成功了"的这部分经验增多了，这也许就是答案。

婚姻中的相处方式，谁也没法教我们，与不同性格的人交往，肯定会有相处得顺利或者不顺利的情况，所以，大家要根据自己的性格、知识，以及积累的经验来慢慢摸索。

只有具备母性特质的女性才能成为"旺夫女"

有调查表明，能使男性成长，并能促使他们交好运的女性，肯定是具有母性特质的女性。

所谓的母性，说得更具体一点就是女性升级为母亲后自然而然具备的一种特性。要求没有养育孩子经验的年轻女性具有母性是相当困难的事情。很多人经常会说："女性的母性特质会对男性起到加油鼓气的效果。"

这是怎样一回事呢？母性是母亲所具备的品质。一般来说，在男性眼中与自己没有竞争关系的女性（现在高学历的女性与他们也可能存在竞争关系），这类女性会允许男性适度地调皮或者恶作剧，很大度地包容男性，所以，这类女性更有助于男性取得成功。

母性的表现方式也是多样化的，那些柔美的、包容性大的女性更容易成为"旺夫女"。

不过，也有的女性婚前十分大度，可一旦结了婚，就会特别注意丈夫的行踪，因为很小的事情也会和丈夫生气、争吵。这样就有点做过头了。

对于跳槽或挑战新鲜事物，男性也会有胆怯的时候。这时，为他们温柔地揉揉肩膀，多让他们感受到来自女性的鼓励，是非常重要的。

从某种意义上来说，女性也有像男性的一面，在需要给丈夫勇气的时候要真正尽到自己的责任。可以鼓励丈夫说"没关系的，试着做一做"，甚至勇敢地说"如果失败了，我来赚钱养家"，这种女性既坚强又具有母性之美。

如果能说出"终归会有办法的，到那个时候，我可以赚钱养家呀，没事的"这种话的女性，那她就一定能够成为"旺夫女"。

还有，学会"不过分地挑刺儿"也是很重要的。有一些人非要抓住别人的把柄，然后还会严厉地指责他人这不好那不好，这实在让人很反感。

男性永远有长不大的一面,所以女性朋友们具有能够接受这一点的肚量是很有必要的。

以《窈窕舞伎》作为例子,我也不清楚这样举例是否贴切,但有人说,从明治时期以来,在成功的政治家中也有娶艺伎做妻子的。也许这样的女性会带有更浓的母性特质,她们会将男性捧在手心里,照顾着他。

当然,在某方面和男性进行竞争的女性也是有的。对于这种女性竞争对手,男人一般是不喜欢的,他们会敬而远之,不会将她们视为心中的理想伴侣。不过,一旦与之竞争的女性激励了男性,男性也有可能发愤图强。因此,不能一概而论。

比如说,我身边有同为作家的两人结为夫妻。在结婚之前,丈夫的书几乎卖不动,妻子的书却是大卖。

结婚之后,丈夫发愤努力,撰写的书也变得畅销起来。

所以,并不能说与男性竞争的女性完全没有母性特质。

所以在最后,与其说女性因为头脑不够聪明当不成"旺夫女",不如归结于她是否用心。

3 如何降低使自己形单影只的风险

保持良好人际关系的重要性

回过头来想想,虽然现在并不是刚刚提到的舞伎文化繁荣的年代,但忍耐对于女性来说也是很重要的。

以前的女性接受教育,就是接受"如何学会忍耐"的教育。但现在,我们却进入了一个没有忍耐度的时代。

从某种程度上来说,忍耐力会演变为维持人际关系的能力。无论对男性还是女性来说都是这样,所以,易怒的人很难长期与人维持良好的人际关系,我们必须要学会"克己制怒"。

然后,我们还要认清自己的错误所在,并进行道歉和自我反省。也许有人会觉得这是件很难堪的事情,但即便很难堪很不体面,这却是修复人际关系很有效的办法。

无论是道歉还是反省,一个人的自尊心越强,就越难做到这些。但是为了使人际关系得到修复,告诉自己"做错了""这都怪我不好",能够像这样进行反省或者道歉,又何尝不是挑战自我的好事呢?

因为人们习惯性地会通过学习去了解事物,习惯性地从理论的角度去思考问题,所以就容易犯只依据结论,简单粗暴地评判问题是非的错误。然而在社会中,事情往往比看到的要复杂,大家都会有一些迫不得已的理由,所以,简单粗暴地评判是非是不行的。

避免孤独的老年生活

就拿那些独居老人来说,有的年轻人一看到独居老人,就粗暴地认为他们不好相处。事实上,他们有的本可以脱离独居生活。不过话说回来,如果没有亲戚朋友也就罢了,若是连一个能帮助自己的人也没有,也许真是自己哪个方面做得有问题吧。

如果说,跟自己有血缘关系的人都去世了,是不是也可以考虑和那些与自己没有血缘关系的人创造并保持良好的人际关系呢？如果连一个能够帮助自己的人也没有，这就有点奇怪了。而且这样的独居老人，最后都只能由政府部门负责照顾。从整体上来看，他们在为自己设计的人生计划当中，肯定欠缺了一些东西。

如果父母、子女或夫妻，这些有血缘关系的人都已经去世，只能一个人生活，那么，在为老年生活做准备的同时，应该尝试着去努力发展人际关系。我认为这种努力是很有必要的。

我的姑姑是个小说家，因为她不愿意给别人添麻烦，所以一直一个人独居，在快去世时也是这样。姑姑是在 75 岁时去世的，在晚年时，她和一位女性朋友商量好："到时候无论我们俩谁先生病，另一个人一定要照顾她。"于是，她们就一起在公寓中生活着。

虽然，姑姑说过不愿意给亲戚们添麻烦，但最后住院时，我父亲作为她的弟弟还是照顾了她好几个月。她说她并不想这样子，所以一直在责备自己。

在我小的时候，姑姑经常来我家玩，也经常塞给我一些零花钱，而且会跟我说："等将来我的小侄子有出息了，说不定到时候姑姑还要沾你的光、享你的福呢。"这么看来，她猜对了。

我住在东京的时候，虽然没能在病床边亲自护理姑姑，但因为我在经济上支持着父母，所以父母也就有能力去照顾姑姑。比如，我们帮姑姑请了一位看护，也为她缴纳了住院治疗的全部费用。

其实，在逢年过节的时候给小侄子和小侄女塞零花钱，合计下来也没有多少钱。不过，这样一次又一次，也就给自己不可预知的"将来"投下了"保险"，并且逐渐生效了。

所以，像这样建立起良好的人际关系是很重要的。

提前做准备的重要性

我姑姑一直在德岛报纸上写连载小说，在她生病期间，该报纸刊登了一篇名为《在病床上夙夜不懈的中川静子》的报道，同时附上了我姑姑在病床上的照片。

从刊登的这张照片上可以看出：为了完成写作，我姑姑在病床上安装了一个桌台，躺着写小说。这完全表现出了她与病魔抗争的精神，也在亲属中掀起了波澜。

以各种形式把人际关系串联起来，这一点是很重要的。就算我姑姑和她的朋友约定好，但若是她朋友先她一步离世，那么问题同样存在。所以，为了避免老后无人照顾，就一定要打理好自己的人际关系。

在过去，借助政府的援助，在一个大家族中，即使只有一个人出人头地获得成功，那么在这个社会里，无论何时他们都不用担心没钱吃饭，没地方睡觉。

二战前，大家都想着，只要亲戚中有一个人有出息了，那么以后做任何事都不用担心，都会有办法的。

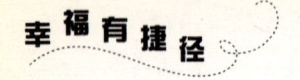

实际上并不能完全这样想。当至亲的两人交恶，即使对方发达了，也不会给予另一方帮助。

或者换种想法，就算不是同一个家族中的亲人，而是在工作中有交情的朋友，只要他人好，就会给予你帮助。所以，建立良好的人际关系是非常重要的。

4 做女人的智慧

母性具有抚慰人心、使人平静、原谅包容的力量

无论是打算找对象,还是身处恋爱中打算结婚,抑或是已经结了婚的女性朋友们,都应该思考一个问题:如何才能使丈夫成功,而且一直甘愿为家庭而打拼?

在之前我所提到的樱井女士所著的书中,"抚慰人心"被作为第一大母性的特质提了出来。也就是说,

幸福有捷径

女性要时刻做到给对方安慰。比如,"好能干啊""辛苦你了""肯定累了吧"这一类话,都算得上是安慰。

"使人平静"被作为第二大母性特质提出来,也就是能安抚对方,让对方平静下来。

这本书中还写道:"可以说母性的特质是抚慰人心、使人平静和原谅包容。"

当男人像孩子一样沮丧地想"我这么失败,肯定完蛋了"的时候,应该安慰他:"你这样肯定很难过,心里很痛苦吧?"此外,还要给他安全感,应该鼓励他:"再努力下就好了,下次肯定会很顺利,没关系的。"让他重拾自信。而且,就算他说话很不合理或者很任性,妻子也应该微笑着说"那也是没有办法的吧",这些才是母性的特质。以上这些母性特质,女性是完全可以具备的。

男性肯定会有失败的时候,例如在竞争中被对手击败。在这种情况下,妻子作为女性,能够安慰他,并带给他安全感,接受并宽容他,我认为是非常重要的。

也就是说,能够巧妙地在背后支持男性,并给予他一些指引的女性,是非常聪明的。且不说这样的女性能力如何,可以肯定的是,她一定很有智慧。

成为"旺夫女"最重要的条件之一就是要有"母性",对此,我很赞同樱井女士提出的这一说法:"越强迫男性,他越容易受伤,越容易崩溃。"

现在社会竞争很激烈,大家都在强迫自己去做事,

幸福有捷径

但是越强迫自己就越容易崩溃。所以,如何对待这种"容易"崩溃的男性是很重要的问题。

在男性快要崩溃时,如果再用"锤子"猛地砸上去,他就会"轰"的一声垮掉。而在他软弱的时候,又钉进去一个楔子强迫他坚强的话,原本能够挺过来的他也会很快崩溃。

既然不好的事情已经发生了,那么,在男性情绪非常低落的时候坚决不能再去挫伤他。为了使跌倒的男性重新站起来,女性朋友们需要一些办法。如果能提前知晓这些办法那就再好不过了。

将忍耐力变为女性的德行

接着,樱井女士也从别的方面举出了一些关于"母性"的例子。比如说,"鼓舞男性的礼节"和"提高自身文化程度与修养"等,但重心还在于"忍耐力"。

如果男性本无恶意,女性却突然生气、嫉妒,或者发脾气、把他当出气筒等,这都是女性没什么忍耐力的表现。其实这也属于"德"的范围。

樱井女士的书中还写道:"不胡乱猜测妻子内心想法的男人更容易成功。"

假设丈夫拼命想去弄清楚妻子内心的想法,非要为这种事情而耗费精力,那么他也不太可能会出人头地。

为了喜欢的男人与世人为敌，这也是母性的表现

樱井女士举了一个例子，那就是成为木户孝允（本名桂小五郎）妻子的几松（木户松子）。如果女性有"在危难之际，为了喜欢的男人，即便与世人为敌也在所不惜"这样的气魄，男人怎么可能不受鼓舞呢？

几松对于木户孝允来说，大概与楢崎龙对于坂本龙马来说一样重要吧。有"即使与世人为敌，我也要守护他"这种胆量的女性，肯定会对男性的成功有帮助。

如果是"性格像个男人，无论如何也改变不了"的女性，那么她们就更应该反过来做一个支持男人的女人。事实表明，像男性一样的女性也有可能做到支持、鼓励男性。

保护自己的家人,这也是母性的表现之一。即使对于孩子,妈妈都会觉得肯定有"外敌"的存在,所以,母性会驱使母亲们将周围的成年人或者其他的小孩视为"敌人"。就像母亲对孩子说"妈妈会一直保护你""因为妈妈相信你,所以你一定要努力"之类的话,能使孩子找回自信一样,妻子也可以用类似的话抚慰失落的丈夫。

因此,个性要强、像男性一样的女性,可以逐渐变得更具有母性,慢慢地,也会成为男性眼中的"旺夫女"。提前知晓这一点也是很有必要的。

男人是否愿意在女性面前示弱，这一点很重要

樱井女士在书中提到："男人在见到女人的时候，如果提到'我现在没有钱'，那么他就相当于把所有弱点都展示给这个女人了。"

在生活中，"因为现在没有钱，所以吃不起太贵的食物""买不起"或者"没有能力去哪里"这类话，有的男人说得出口，也有的男人打死也不愿意说。

男性说还是不说类似于"其实我现在没有钱"，或者"现在做这件事有点为难啊"这样的话，是男性是否会在女性面前展示自己弱点的证明之一。

作为女性，请稍稍尝试思考一下，如果你的男朋友或者你的丈夫说"现在我没钱了"，你会感觉如何呢？

你肯定会觉得"这算什么啊,好没出息、好差劲的男人",或者"太荒唐了""好倒霉啊"。如果对方已经成为你的丈夫,你肯定会想,"现在都已经是一家之主了,竟然还混成这样,太不像话了""真是没出息的老公"。

回过头来,大家再想一想,谈恋爱的时候,他是否对你说过"我没钱了,今天就不去餐厅了,就在那边的面馆将就一顿吧"这样的话呢?

很多人因为要面子,所以跑去朋友那里借钱,而且无论如何都要借到,这样的男人是很不好的。抱着像是去银行贷款一样的心情从朋友那里借到钱,再用这些钱将自己打扮得很帅气。长此以往,欠下的债越来越多,男人却还是在一直逞强,觉得可以一直这样过日子，到头来终归会有崩溃的一天。

所以，男性是否愿意在女性面前适当地露出自己的弱点也是很重要的。

不要太过干涉丈夫的工作

樱井女士还在她的书中提到过"不要太过干涉丈夫的工作，应该适时地学会缄默"。

樱井女士举了这样一个例子：曾经作为编辑的樱井女士去找推理小说家松本清张取稿件的时候，松本清张的夫人问了一句："今天是来取什么稿件的？"樱井女士很惊讶，松本清张的夫人对他的工作似乎完全不清楚或者说完全不关心。事实上，想要丈夫更成功，做妻子的最好不要过多地过问丈夫的工作。

女性是否会做饭对于男性来说非常重要

樱井女士的书中还提到:"对不同男性来说,适合他们的'旺夫女'类型也是不一样的。"为此,她曾做过这样一个调查,如果让男性从"喜欢打扫房间、喜欢清洗衣服和喜欢做饭"这三种类型的女性中选择一个去结婚,他们选择最多的就是"喜欢做饭"的女性。

很多天才型的女性,尤其是女演员中,之所以都离了婚,当然不会是"不漂亮",也不是容易花心,主要是因为她们不会做饭。

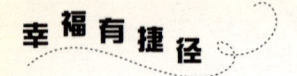

男女之间的组合有很多不同的模式

男女之间的组合也是个比较复杂的问题。就算性格匹配,每个人也会因为面对的对象不同,而表现出不同。就好比男性的"阳刚"和女性的"阴柔"是每个人身上都会有的特质一样,当不同的人组合在一起时,就会有不同的效果。

比如说,樱井女士在所著的关于"旺夫女"的书中提到,身材越高大的男生,越有男人味;身材越娇小的女生,越有女人味。

善于交际的人,性格都比较偏男性;而内向的人,性格一般都比较女性化一点。在日本的大学里,成绩越好的男生性格越偏向女性化,成绩越好的女生性格越偏向男性化。

而且，书中还写道：对于运动员们来说，不论男女，性格都有点像男性。男性的个人性格差异很大，女性的个人性格差异却相对要小得多。家中有好几个兄弟姐妹的人，性格都会比较偏向女性化；而兄弟姐妹越少，他的性格就会越男性化。结婚以后，无论男女，性格的女性化程度都会增高，也就是说，夫妻双方性格女性化的程度都会加强。

而且樱井女士还提到，如果夫妻其中一方属于外向型的性格，那么另一方的性格最好是内向型的，这样双方可以互补。

比如说森英惠女士，作为一名女性企业家，应该是属于性格外向的人。在这种情况下，她丈夫的性格偏内向会比较好，而且最好不是公众人物。

另外，如果男女双方都是学习成绩很好的高学历人才，那么他们的组合可以算得上是"黄金搭配"。就像前面说过的那样，成绩好、学历高的男性，一般性格会比较偏向女性化。同样的道理，成绩好、学历高的女性，一般性格会比较男性化一些。所以，这样的两个人组合起来也是非常不错的。如果恰巧双方在同一所好的大学里，那么两者性格相合的可能性就很大。

如果男女双方都是从同一所大学毕业的，一般来说，男方的成绩稍好一点，两个人才更适合于结婚。

因为在这种情况下,女方好胜心没那么强;或者说相比之下男方更为睿智,所以女方会更有女人味,也更利于两个人以后的相处。

这样看来,我们也可以理解这条法则了。如果女性在好的大学读书,成绩又很好,当男性成绩也很好时,这样顺理成章地恋爱、结婚就最好了。但是假设男性成绩不太理想,自身又太过骄傲,那两人的关系就很危险了。

如果是在一流大学读书,成绩不怎么理想的男性和成绩好的女性,两人的性格是"男性VS男性",这样两人相处起来可能就会有些困难。大家预先知道这一点也是很重要的。

寻找能让好事发生的概率成数量级增长的人

樱井女士在书中还写道:不觉得洗衣刷碗是很痛苦的女性,她的忍耐力也是很强的。

一个阅历不够丰富的年轻人,很难判断一位女性是否是"旺夫女"。只有像樱井女士这样,既是知名女性杂志主编,也是一位成功的女企业家,还见过许多不同类型的人,有了足够的人生阅历之后,才能一眼判断出,这位女性是否是"旺夫女"。

对一般人而言,在没有判断法则可依时,"旺夫女"是无法简单判断的。但是,人与人之间的缘分有差异,如果两个人在一起的效果超越了做加法,达到做乘法的效果,让好事发生的概率成数量级增长,那这样的组合就是正确的组合。寻找这样的组合是十分重要的。

幸福有捷径

5 成为"旺夫女"的条件

妻子器量的大小决定了丈夫器量的大小

一般来说,成为"旺夫女"的最重要的条件就是拥有"母性"。可以说,一个女人拥有母性就差不多算是"旺夫女"了。一个女人如果没有足够的母性,即使不需要做到之前所说的舞伎的程度,遇事时也应该认真地思考,拥有母性的女性遇到这类问题都会怎样处理,为了成为这样的女性，还应该对自己进行怎样的训练。当你在待人接物和为人处世方面成为一位非常有涵养的女性时，就能够帮助你身边的男性成长了。

妻子因为学习过很多关于管理计划方面的知识，从而对丈夫的事业指手画脚，丈夫就会感觉自己像火柴盒里的蚂蚁一样，才能无所施展。

即使是女性，也想像相扑运动员那样，拥有从容应对的器量！因为妻子器量的大小也就决定了丈夫器量的大小。所以，妻子在这方面应该"大度"一点。

我的母亲就是符合"旺夫女"条件的女性

我的母亲是一位不太干预别人工作和学习的人。从某种意义上来说她有点儿男性化,性格直爽干脆也心直口快,一旦爽快地做出了判断,之后就不再啰唆了。

到目前为止,我们之前提到的"旺夫女"的条件,我的母亲在一定程度上都具备了。从母性角度来说,"守护儿子""让儿子保持自信"等,母亲也都做到了。

而且,我的母亲能够看透一个人。比如,她一看到某个人,即便是第一次见面,也能够大概判断得出这是个什么样的人,这个人性格如何,是否成功,是否有能力赚钱等。

如果觉得这个人值得信任,像我母亲那样睿智的女人就会用尽全力地去支持他。而相反，如果这个男人不成器，女人们还对其抱有期待，则是会吃亏的，最终可能除了失望，还会失去更多。如果只是因为同情对方而选择与对方在一起，最终不仅耽误自己，还会造成其他损失。有的人明确地认识到了这一点，才没有吃亏。

　　女人们与其说是对男性投资，不如说是对有价值的男性投资。因为一旦女人决定对有价值的男性进行投资，他就可以成为价值翻了数十倍、数百倍，甚至是上千倍的男性。相反，有的男性就算你对他进行了投资，花出去的钱也会像打了水漂一样消失不见。所以我觉得，一开始认不清对方是什么样的男性并对其抱有过大的希望，这种行为真是太愚蠢了。

母亲与哥哥不合

女性的性格也有很多种不同类型。当一个人面对不同的人时，他会用不同的态度和对方相处。所以性格不同的人组合在一起时，也有可能出现很多很复杂的问题。

要说选择，我还是觉得我和我母亲的性格比较合得来。我很欣慰母亲不会舍本逐末这一点，而对于我的学习以及工作方面，母亲也不会多加干预。母亲只会对我的人格方面稍加指点，以帮助我完善自己。她会很直接地告诉我"我会帮助你的"，而在我心情低落的时候,她也会告诉我"不要担心,事情总会好的"。即使有什么突发状况,她也会安慰我说:"还好人没事。"

与我不同,我的哥哥去了京都,他对于京都文化研究得非常透彻。他很爱讲话,甚至有点吵。如果某个人说话内容很空泛、没有深度,他就会认为这个人是傻瓜。所以,兄长是那种很喜欢与人讨论问题的人,但是我的母亲几乎和他对不上话,他认为母亲没文化,这也导致两人的关系并不太好。

不过我觉得,在社会关系中,对很多纷杂的事情,在没有搞清楚之前还是不要急于发表意见的好。在这一点上,我还是站在母亲这边的。

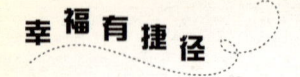

母亲的伟大之处在于默默守护孩子

现在,我也已经养育孩子,为人父母。果然,我还是比较在意孩子在学校、甚至将来进入社会是如何行事的。因为在意,所以才会想要试着去问问他的同学和伙伴。但是,有的孩子愿意跟我交流,而有的孩子什么都不说,坚持奉行他的"秘密主义"。

回想一下,我也不清楚自己在少年时是什么样的,我好像是那种会把自己做的调皮捣蛋的事或者闯的祸主动告诉父母的类型吧。

虽然记不清楚小时候的事,但我记得好像有过这样的经历。不过有时也会有不愿让父母知道、想自己保守秘密的事情。客观地说,这就是自己无法正确地认识问题。

但就算母亲知道了,也不会告诉父亲,更不会跟父亲一起揭穿我,这也是后来我才知道的。这样的父母真的很伟大。事实上他们自己默默思考了很多,却对我保持沉默。他们这样做充分保护了我的自尊心。

将女性特有的东西作为武器来获得成功和幸福

这些到底是不是女性特有的成功社会学,我不太清楚,但是到目前为止,我已经列出来了很多。

现在有很多女性像男性一样,希望通过学习、职业培训等,取得成功,并且这些方法在女性人群中是很受欢迎的。就像是"只要模仿那些优秀的男性,就

幸福有捷径

肯定能够获得成功"之类的观点,特别受追捧一样。许多女性在进入社会后,在这种观点的引导下,试着在社会中实现自我。但是,我想让大家知道,只要以女性特有的东西为"武器"就足以使女性成功,并且让自己变得更幸福。

另外,"学习成绩好"并不意味着"有智慧",作为女性的智慧是另有说法的。

就像我上面所写的那样,所谓女性特有的智慧,也就是能够洞察对方的人性、能够与他人建立良好的人际关系,并且使之良性发展的能力,这就是一种"武器"。

无论男人也好女人也罢,给他人带来"霉运"的人是存在的。如果能够看穿这些人的品行，趁早与他们断绝关系并且远离他们，是一种智慧。相反，也有能够帮助他人施展才能的人，如果能够跟这类人建立良好的关系，那也是一种智慧。

除此之外，女性还具备另一种智慧。

具备这种智慧的女性，一般来说自身是有一定优点的，她们对男性来讲既是母亲般的存在，也是妻子般的存在。所以也可以说，这类女性是能够帮助男性突破自己，做出超出自己能力范围的事情的。

这种"旺夫女"发挥的作用绝不仅限于父母、孩子或者夫妻之间，也可以适用于朋友、恋人以及其他关系。

所以，这条"旺夫女"法则在很多社会关系和人际关系中都会起到一定的作用。

我们所说的"旺夫女"一般而言就是具备以上这几点的女性。

Chapter 4

答 疑

1 发挥母性的力量而从中得到的感悟

● 问题一

前文曾说过,女性进入社会参加工作后,能够找到她的幸福;而女性发挥母性力量,给予男性支持,这也是她的幸福之一。通过发挥母性的力量,让男性取得成功,这就是女性的"悟"和"德"。

这种发挥母性而使男性成功的能力会成为女性宝

贵的财富。

在作为女性的修行中,我希望您能告诉我更多的成为"旺夫女"的方法。

不计较个人得失，帮助他人成功

其实，只要纵观历史，无论是日本史还是世界史，名垂青史的女性很少，反之，因为突出的功绩而名垂青史的男性却很多。不过，在这些男性的背后，肯定有他的母亲或者妻子等一些女性的支持与照顾。有句话说得好："每个成功男人的背后，都有一个伟大的女人。"

在现代社会中，有智慧且能力强的女性增多了，她们像男性一样名垂青史。纵观全世界，不难发现，现在我们已经步入了这样一个时代：成为首相、总统的女性数量逐渐增多的时代。

所以说，现在女性的地位和以前有些不一样了，但是女性所特有的"在背后支持男性的力量"还是继续保持着。

比如说,在以前的日本,女性是没有名字的。未婚女性被称为"谁谁谁的女儿",已婚的女性则被称为"谁谁谁的媳妇"。在过去,女性得不到尊重的类似情况太多了,而且这样的情况持续了很长一段时间。

虽然随着时代的变迁,这种情况已经渐渐得到改善,但是女性那种不计较自身得失、默默在背后奉献的行为,已经慢慢地演化成了一种德行。

如果一个男人能为别人的成功提供助力,且不居功自傲,这样的人肯定能够受到别人的敬重和爱戴。

有很多男性也愿意为更多人的成功而奉献自己,

论功时不居功、不抢功，这些男性，从某种程度上来说，也和上述的女性一样积累了德行。

缺乏感恩之心，导致男性权威丧失

我在四国岛一直待到18岁，在那之后的数十年间，虽然我不怎么给家里打电话，也不常回家，但仍会牵挂着家人。

我记得在我18岁之前，每次母亲同父亲交流完，都会重复同样的话："男人能出去工作真好啊。工作就一定会有成绩，工资也会越来越高，地位也会一天一天变高。女人的情况可就不一样了。虽然每天也在家里工作，但什么成绩都没有，这样的工作总有一天

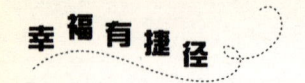

会干不下去的。每天洗衣做饭、打扫卫生，这些事情做得再多，也不会对社会有什么贡献。如果我是男人的话，一定要做一个企业家，把事业做得有声有色。"

我是个很老实的孩子，所以经常会想："我确实应该努力。母亲想努力奋斗、出人头地，却连机会都没有。如果我不努力的话，就太对不起母亲了。"

我的父亲在年轻时，做生意曾经失败过，但他还是努力了很久，后来薪水慢慢涨了。工作了二十多年之后，每次父亲涨薪水，他就会摆起架子，特别是在发工资或者奖金的那几天，他就会愈发的自大，摆出一副"必须吃点好的犒劳我一下"的样子。

只有一次在发奖金那天他很萎靡，因为那天父亲去玩了弹珠（日本的一种游戏），在那里被小偷偷光了身上所有的东西，包括刚拿到的奖金。所以回来的时候就很沮丧地说了句"我被偷了"。

身上带着很多钱，还去容易被偷盗的娱乐场所，这肯定是错误的。所以，那天父亲被母亲叱责后，像只小奶猫一样缩成一团，非常沮丧。不过在这之后，每到发工资的那几天，父亲基本上还是会摆起架子来。

以前，工资是不存入银行的，所以，那个时代的男人都觉得自己挣了钱很了不起，爱摆架子。从事务科科长或者领导手里领取工资，然后揣在怀里带回家。只有在把工资带回家并且交给妻子的时候，平时满是怨言的妻子才会什么牢骚都不发，安静地接下工资。

幸福有捷径

所以，每个月父亲可以摆架子的日子也就那么几天而已。

不过，现在工资存入了银行，职员也就没有"接过领导手中的工资并表达感谢"的机会。与以前工资发放的方法相比，两者各有缺点与优点，但有一点可以肯定，现在的一切运作起来变得方便了。不过同时，男人也越来越镇不住妻子了，对丈夫辛苦工作养家而表示出的感恩也随之变得淡薄起来。大概这就是男性权威丧失的原因吧。

从某种意义上来讲，中小企业社长的权威也正在逐渐减弱。一般来说，中小企业的员工都少于五十人，以前都是社长亲自给职员发工资，不过现在不是了。

以前从社长那里领取工资，职员总会面带笑容，对领导毕恭毕敬。

如今工资是存入银行再发放给职员，这使得职员们有种从银行那里领取工资的感觉。所以，职员们对社长似乎也没有感谢的意思，这真是件令人觉得非常遗憾的事情。

母亲的行为会影响到孩子什么

事实上，对于母亲所做的许多细枝末节的小事，乍看之下很难对其做出评价。但是，母亲所做的一切，以及为了孩子所受的委屈却会深深地烙印在孩子们的脑海中。

幸福有捷径

对于这些深深烙印在我们脑海中的东西，我们本人或许并未察觉，但是这些东西实际上会融入到我们长大成人后所表现出来的气质、价值观、精神面貌等内在的东西里去。

或许，我这样说令人有点难以理解。举个例子，就好比在战争年代，当特工队突然闯进屋子时，有人会大喊："天皇陛下万岁！"也有的人会大喊："妈呀！"

试想一下，当特工队冲进来时，突然大喊"爸啊"的人肯定是非常少的，也许只有和父亲相依为命的人才会这样喊吧。

即使是与父亲相依为命的人，是否真的这样喊也未可知，但可以肯定的是，人们对于十月怀胎生下自己并养育自己,对自己照顾得无微不至的母亲肯定是打心底里感激的。

因此,也许母亲所做的事情是微不足道的,但是孩子们却能深刻体会到,正是这些普通的事情,在持续不断、潜移默化地塑造着我们的人格。

其实这也是"父母之功德"。孩子们有的直接将这部分的恩德报答给父母亲;如果无法报答父母,多数人也会抱着"必须回报这个社会"的想法。

也许作为父母,你觉得自己一直在做着微不足道的事情;但是,将这些普通的事情坚持做下去,其实是件十分有功德的事情。

我的母亲每当责备父亲时,就会说:"做饭给孩子们吃，他们会长大。但是，做饭给你吃你却完全长不大，什么改变都没有，真是白费力气了。"这话虽然听起来很过分，却间接反映了他们为人父母时内心的成就感。

孩子变胖了或者长高了都会让父母感觉小孩子在成长，这对于父母来说应该是最开心不过的事情吧。所以，微不足道的努力和付出也是有意义和影响的。

对孩子的成长来说重要的东西

到了该结婚的年龄,为了吸引男性的注意,女孩子们当然要慢慢学着让自己看上去更漂亮一点,也会开始在服装打扮方面下功夫。但是,不一定非要这样做才代表成长。

比如,从小生长在农民家庭的孩子,对自己干农活的母亲大概不会觉得有魅力吧。但即使是面对这样的母亲,如果孩子会想:"我的母亲弯着腰干农活很辛苦,我想让母亲开心起来。"哪怕这种想法只有一点点,那么这个孩子便是成长了。

所以,不是很富有的家庭对于下一代的成长是很有帮助的。

幸福有捷径

在"挥金如土"的家庭，就算父母为孩子提供优越的物质条件，满足孩子的各种要求，也未必可以让孩子更好地成长。

人类所感受到的幸福感，并非来自于拥有许多东西或者许多钱，而是来自于相对于以前来说，自己往好的方向前进了多少。就算生活质量并没有明显的提高，他们也可以感觉到越来越幸福。在这种假设下，父母的收入、地位、社会阶层的高低与否，对于孩子而言是否重要，也就很显而易见了。

自己在孩提时代，如果在某个方面很匮乏的话，那么在为人父母时，绝对不会让孩子跟当初的自己一样。

比如说，自己本身是第一代创始公司的社长，从创业之初就非常辛苦地赚钱，支持着整个大家庭，维持着公司的正常运转。一般到了第二代、第三代，他们的成就往往达不到第一代的高度。这是因为，对于第二代、第三代来说，从生下来开始就一直习惯于过富有的生活，没有亲眼看见这份家业从零开始到如今的整个过程。

所以，如果你的孩子生活条件不错，那么请一定教育孩子要带着谦虚谨慎的态度对待拥有的一切。

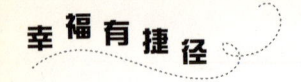

为提升女性地位而降低男性地位并非好事

在现阶段,世界范围内女性的地位正在逐渐提高,但女性地位要提升至和男性地位完全平等,这并不容易。哪怕女性尽自己最大努力,希望世界朝着没有性别差异的方向发展,其结果也无法达到男女地位完全平等。毕竟在很多方面男女都会各有优缺点,所以,男女地位的差异一直存在是很正常的。

话虽然是这么说,但是我还是希望世界能有一些变化。比如,女性能够为了男女地位的平等而一直充满希望,或者促使一部分歧视女性的男性进行反省。

不过,比起自顾自的生活,夫妇一起同心协力,为创造更好的社会而做出自己的贡献,做出更出色的业绩，这种形式不是更好吗？以前人们常说夫妻同心同德，但放到现在却不一定适用。现在有可能是"二心二体"，这种"二心二体"的男女组合也是不错的，不过还是希望他们能够发挥出"1+1>2"的效果。

纵观世界，女性地位还是落后于男性。比如美国的总统一职，到目前为止还没有出现过女性的身影。

女总统听起来不错，这样一来也许美国政府就会采取优待女性的政策。而如果一味地以降低男性地位的方式来优待女性的话，很有可能带来负面的影响，更有可能滋生出一群游手好闲、无所事事的男性。所以，单纯降低男性地位以提高女性地位肯定不是好的做法。

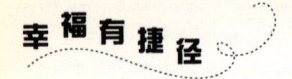

就算付出没有得到相应的回报也没关系

虽然默默积累的努力和不断持续的努力并不引人注目，但唯一可以十分肯定的是，这份努力一定可以默默地给予他人感动。请不要小瞧这份努力。

比如说，孩子在考试中没考好，或者是在棒球比赛中失败了，非常沮丧地回到家时，母亲的鼓励抑或是很小的关心都会对他起到巨大的作用。有可能母亲本人都忘记了这些事情，但毋庸置疑的是，这种举动对于孩子来说是非常重要的。

所以说，就算自己付出的一切没能及时得到相应的回报，也没什么关系。

从某种意义上来说，这对于男性也同样适用。就算男性长期居于人下无法施展抱负，这也未必不是件好事。终究他所有的付出都会有意义，所有的努力都会有回报。

2 被同性和异性同时喜爱的贤内助

● 问题二

能不能请您再教给我们一些发挥女性魅力的办法？

比如说，为了支持丈夫，我们需要和邻居以及亲戚、朋友等很多人处理好关系。因为有的人很讨厌，爱打各种小算盘，所以我们常常被人误解，甚至遭嫉妒。

在这种情况下，您能不能给我们介绍一些不被误解或者嫉妒，顺利地得到他人信任，同时还能发挥女性魅力的方法吗？

幸福有捷径

想成为贤内助，实际却变成了丈夫的竞争对手

有些女人想成为贤内助，可是从第三者角度来看她的贡献并非是"贤内助之功"，她对丈夫的支持和帮助太露痕迹了。

所谓"贤内助之功"，就是自己对丈夫的支持不显山不露水。比如，一位既有能力又有才华的女性想成为一名贤内助，但是她的光芒太过显露，所以在帮助丈夫的过程中，就会不知不觉地让周围人知道"其实这是自己的功劳"。

当然，这在高智商且工作能力强的女性身上更容易出现。

如果这样的女性把好胜心用在事业上，那便没有什么问题。但如果作为一位主妇，主要靠丈夫养家糊口，要想发挥贤内助的作用给予丈夫支持时，就应该特别注意一下。

现如今，大部分学校里都是男女同校，男女在学习时产生竞争也是很普遍的现象。现代的女性，很多时候都是无意识地就和男性竞争起来了。不知不觉中，她们就把和男性竞争当成了一种习惯。

在男性的工作中，用数字来表示结果的东西非常多，所以男性很在意这些数字。同时，女性也一直接受并且处于同一种教育中，也逐渐变得对数值换算这类东西敏感，比如说像金钱的换算、折合数值等。

但是，就算自己有这种倾向，身处在一个与男性

幸福有捷径

进行竞争的环境中时，自己也是察觉不到的。这是因为自己和男性有同样的价值观，接受完全相同的教育，所以无法自知。

有句谚语叫作"真人不露相"，日语里表示为"厉害的鹰会把爪子藏起来"。女性想要成为贤内助，却爱居功、出风头，就是无法把自己的"爪子"藏好，总想露出来让别人看。

但是，女性也是有很多种不同类型的，所以不应该一概而论。在樱井女士所著的关于"旺夫女"的书中写过："最好注意一下指甲长的女性。"

留长指甲的女性在某种意义上来说是抱着一种想要引人注目的心态，或者说，在潜意识中她们把指甲当作用来挠人的武器。这么厉害的女性，还是要注意一下比较好。

如果打着丈夫的名号行事，可能会遭到反感

简单来说，就是不能拖丈夫的后腿。

如果住在公司分配的住宅中，即使与周围邻居和睦相处，依然会有很多谣言传出。作为妻子，肯定会有无论如何都想要拼命努力帮助丈夫工作的心意吧，但是想要做到这点却非常困难。想要听到别人跟你丈夫说"你妻子真贤惠啊"，并不是那么容易的事情。

在公司分配的住宅或者宿舍中，会有和其他职员的家人同住的情况。一般来说这与丈夫的职务和工作

变动、等级制度是有关系的。部长的地位是最高的，这也会让部长夫人产生一种同级的错觉。

所以，当有年轻的男性职员来家里做客或者来家里帮忙时，如果妻子认为自己和丈夫具有同等地位，从而骄傲自大、对客人颐指气使，肯定会招致这位男性职员的反感。

可能这位年轻男性职员不是很有经验，但在这种情况下他肯定也会想，"你又不是我的上级领导，干吗要像领导一样指使我干这干那的"。

再比如说，要搬家的时候，年轻职员们来帮忙了。这时，如果部长夫人把自己当部长一样对他们发号施令，职员们也许会对部长一家都产生不好的印象。

在女性中，也会存在某种价值观的不同。这恐怕和男性社会是一样的，女人们也能进行一定的判断。因为有着和男性社会一样的比较心理，所以肯定会有人说"那个人的妻子怎么怎么样"。

这都是些登不了台面的话，虽然我不太想说，但是在人际关系中对于男女同样重要。有的女人既没能力，品德又不高，还打着丈夫的名号对别人指手画脚，这当然会招来反感。

贤内助到底做得如何，是由周围人来判断的

总有一些让人羡慕的事情，比如说某个男人娶了有特长的女性，或是娶了毕业于好大学的女性。这类

幸福有捷径

事情听上去会为丈夫增光不少。"如果能够娶到像鸠山家族那样的女性就好了",这样的话会使男人觉得很有面子。

乡广美和二谷友理惠结婚的时候,乡广美只有高中学历,而他的妻子二谷友理惠则是庆应义塾大学毕业的女演员。看上去女方似乎应该是个"贤内助",但事实上结婚之后两人的关系却每况愈下,还不如结婚之前关系和谐。这种情况实在令人费解。

以妻子的条件,看似会为丈夫添光彩,但事实上也有很多家庭因此而破裂。

山口百惠和三浦友和也是一个例子。当时,山口

鸠山家族:在日本政坛极具影响力的家族。

百惠是数一数二的偶像，但是三浦友和尚未达到妻子山口百惠的高度。他们俩一结婚，山口百惠就立即从娱乐圈隐退了，每天做家庭主妇教育孩子。有人认为，优秀的女性放弃事业，隐退在男性背后会让男性更成功，而有些人却不这么认为。

山口百惠放弃了继续当歌手和女演员，而选择进入家庭帮助丈夫，其实损失最大的一方却是三浦友和。山口百惠作为演员，每天待在家里不出去工作，真的是损失啊。丈夫将很会赚钱的妻子放在家里，而自己却又挣不到那么多钱，所以也可以说是整个家庭的损失。

旺不旺夫这种事情，有的时候周围的人能够判断出来，但有的时候只有丈夫本人能体会到。

有些女人看似属于"旺夫女"，但事实上却是相反的。就拿乡广美来说，他娶了一位庆应义塾大学毕业的才女为妻。作为丈夫，本应该在妻子的帮助下在演艺圈发展得蒸蒸日上，但事实却恰恰相反。作为丈夫的乡广美在娱乐圈努力拼搏甚至苦苦挣扎，却无法满足妻子的欲望，最终导致二人分道扬镳。

所以，对于不同的人，应该具体问题具体分析。

不要自满，淡然地去做自己该做的事情

说到贤内助在女性中获得好评的方法，我觉得总结这个是非常不容易的，就像是从社会学的角度写出一本书一样难。事实上，即使总结出方法也未必可行。就好比困扰着很多公司的住宿问题，认真仔细地进行研究后，不可能得出类似"只要这样就可以了"这样的结论。所以这真的是很困难的事。

不过，即使同为女性，也会有互相竞争、互相比较的时候，所以，女性朋友们应该时不时地适当发挥一下谦让的美德，隐藏自己的锋芒。如果自身非常优秀，那么更要收敛锋芒。不要无所顾忌地做令女人讨厌的事，不可太过傲慢。

即使为人低调，也难免遭人口舌，你的优越会变成别人的谈资。比如说，"她是哪个公司社长的女儿""她娘家家业丰厚，是个'富二代'"，你的优越总会不知从哪被人发现。所以，自己一定要从心底里做到不骄傲自大。

但如果为了摆脱口舌而和周围的人断绝关系，则会招来反感。如果你与谣言中的事情没有关系，那就尽量忽略它，淡然地继续做自己的事情。

听一些低调的老人或前辈聊天，别人会突然很惊讶地说，"您原来是这么优秀的人啊"或者"原来您是那么优秀的人的妻子啊"等，这种低调的生活方式会更容易赢得他人的尊敬和好感。

一般来说，女性为了要和丈夫相称，也会想要居于人上或者当领导。因为看起来很有面子，所以憧憬这种生活的人就很多，这种现象尤其是在现代的高学历女性中非常普遍。她们会去模仿自己的丈夫，但其实这种模仿最终是没什么作用的，因为你还有别的才能，所以最好不要想着去模仿别人，这样反而不讨好。

无论怎么说，我们最好抱着这么一种想法，"如果我们实际做到的并没有像我们所说的那样好，那就会失去大家的信任"。所以大家应该要明白，如果说的比做的好，人自然容易被人看轻。

后 记

如果说减少主观性,同时保持客观性,那么到什么程度比较好呢?或者说,是否能够从社会学的角度来分析"女性特有的成功社会学"呢?老实说这是没有可信度的。但是,我认为"女性特有的成功社会学"是确实存在的。

女性通过后天的努力和接受教育,完全有可能改变自己。对于在学校中学不到的成功社会学,我想从我自己的社会观察和"女性提高男性运气的法则",这两个方面入手,进行研究。

在本书中我想要说的是,"在学校头脑聪明、学习优异的女性"和"贤明的女性"这两个名词并非同义词。也就是说,即使是美女,结婚和工作两方面也不一定都能够成功,人际关系也不一定都非常顺利。

"自我牺牲"和"无私"也许是很老套的词语,但我想让大家知道的是,如果给这些词伴以一定的精神修养,就会衍变成自己的"品德"。

所以在通往成功的道路上,女性朋友们还有无限的可能性。